# CURSO DE ELECTRICIDAD GENERAL

# 2

# CURSO DE ELECTRICIDAD GENERAL 2

Pablo Alcalde San Miguel

3ª Edición

Paraninfo

Paraninfo

**Curso de electricidad general. Tomo 2**
© Pablo Alcalde San Miguel

**Gerente Editorial Área Técnico-Vocacional:**
Mª José López Raso

**Diseño de cubierta:**
Ediciones Nobel, S.A.

**Preimpresión:**
Montytexto

**Impresión:**
CLM
Eduardo Marconi, 3
Polig. Ind. Codein
Fuenlabrada (Madrid)


3ª impresión, reimpresión 2012

Av. Filipinas, 50 Bajo A
28003 Madrid, ESPAÑA
Teléfono: 902 995 240
Fax: 914 456 218
clientes@paraninfo.es
www.paraninfo.es

Impreso en España
Printed in Spain

ISBN: 978-84-283-2476-2
Depósito legal: M-22742-2009

(10438)

# índice

# Presentación

Este ***curso de electricidad general*** está dirigido a todas aquellas personas que se encuentren en el entorno profesional de la electricidad, bien por cursar enseñanzas profesionales o por desarrollar tareas profesionales en la empresa que tengan que ver con este tipo de actividades.

En la elaboración de estos materiales didácticos se ha procurado emplear un lenguaje sencillo y claro, que permita el autoaprendizaje de la materia. A su vez, se han intentado utilizar procesos matemáticos sencillos, pero que sean capaces de permitir culminar el proceso de aprendizaje con un nivel suficiente de conocimientos.

Para conseguir adquirir ciertos conocimientos de tipo práctico, así como para entender algunos fenómenos, que de otra manera podrían resultar muy abstractos, se incluyen una serie de experiencias y actividades de tipo práctico.

Junto a los contenidos de cada tema se han incluido una gran cantidad de ejemplos en forma de ejercicios resueltos. De esta manera se clarifican muchas de las explicaciones aportadas y sirven de ayuda para la resolución de casos prácticos, como los que posteriormente se proponen en el apartado de actividades.

Al final de cada tema se proponen una serie de actividades como son: resolución de ejercicios, preguntas tipo test, realización de ejercicios prácticos. La solución a los test se encuentran al final del libro y servirán como herramienta de autoevaluación.

Para estructurar este curso se ha elaborado una colección de tres tomos donde se incluye una muy completa selección de temas que hacen de esta obra una herramienta indispensable para el profesional de la electricidad. Seguidamente se exponen los temas incluidos en dichos tomos:

**1** Conceptos generales de electricidad y magnitudes eléctricas. Conductores y aislantes. Potencia y energía eléctrica. Circuitos eléctricos. Generadores eléctricos. Protección de circuitos contra cortocircuitos y sobrecargas. Condensadores. Electrólisis. Pilas y acumuladores. Magnetismo y electromagnetismo.

**2** Inducción electromagnética. Corriente alterna. Circuitos eléctricos en corriente alterna monofásica y trifásica. Rectificadores. Aparatos eléctricos de medida.

**3** Transformadores. Motores de corriente continua. Dinamos. Motores de corriente alterna. Técnicas de iluminación. Sistemas de protección en las instalaciones eléctricas. Instalaciones eléctricas en viviendas.

Doy las gracias a KAINOS, SACI y AEG por su colaboración para disponer de material gráfico.

 

# 1 Inducción electromagnética

Gracias al fenómeno de la inducción electromagnética, descubierto por Faraday en 1832, es posible la generación de grandes cantidades de energía eléctrica mediante los alternadores (generadores de C.A.) Aprovechando este fenómeno también funcionan las dinamos (generadores de C.C.), los transformadores y muchos más dispositivos que, estudiaremos con más detalle más adelante.

Cuando nos referimos a la inducción electromagnética estamos hablando de "producción de electricidad por acción magnética", es decir: "cuando se mueve un conductor eléctrico en el seno de un campo magnético aparece una fuerza electromotriz que se muestra como una tensión eléctrica en los extremos de dicho conductor (Figura 1.1).

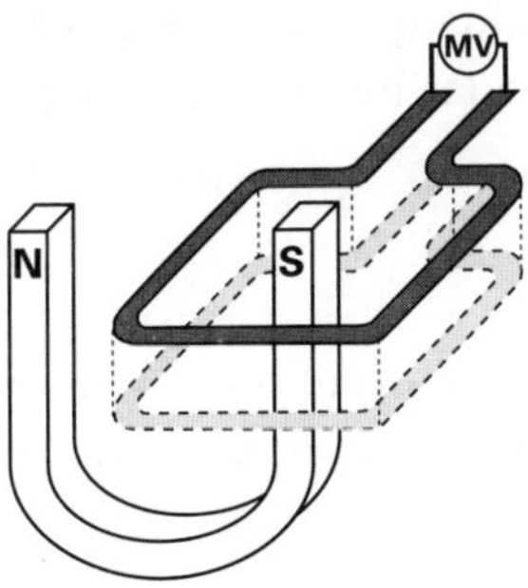


**Figura 1.1**

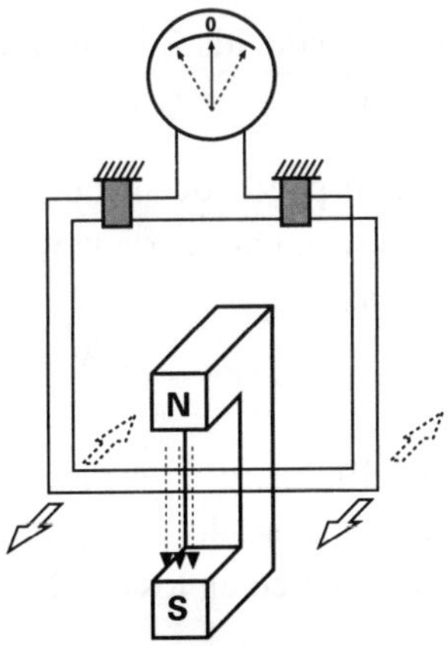


**Figura 1.2**

## Experiencia de Faraday

Para realizar esta experiencia se necesita un imán, una bobina y un miliamperímetro de cero central (aparato de medida muy sensible, donde la aguja indicadora se mueve hacia un lado u otro de la escala dependiendo del sentido de la corriente). La bobina la suspendemos entre los polos del imán, tal como se muestra en la Figura 1.2, de tal manera que pueda moverse y cortar la líneas de campo magnético.

Si movemos el conductor, de tal manera que corte perpendicularmente a las líneas de campo, se puede observar como la aguja del miliamperímetro se desvía hacia un lado durante el movimiento, indicando el paso de una corriente en la bobina. Si ahora movemos el conductor en sentido contrario, la aguja del miliamperímetro se desvía también hacia el lado contrario.

De aquí, se deduce que cuando se mueven conductores, de tal manera que corten perpendicularmente las línea de un campo magnético, se produce una f.e.m. inducida. Si se cierra el circuito aparece una corriente eléctrica. También observamos que el sentido de esta corriente depende del movimiento relativo de los conductores respecto al campo magnético.

Si ahora movemos los conductores en sentido paralelo a la líneas de campo (hacia arriba y hacia abajo según la Figura 1.2) se puede observar como el miliamperímetro no detecta el paso de corriente. También podemos observar que cuanto más rápido movamos la bobina, mayores son los valores de la corriente medida.

De aquí se deduce que sólo se produce f.e.m. mientras los conductores corten el campo magnético. Además la f.e.m. depende de la velocidad relativa de corte de los conductores respecto al campo magnético, aumentando la f.e.m. con dicha velocidad.

Además se observa, que al aumentar el número de espiras de la bobina, también aumenta la f.e.m. inducida. Lo mismo ocurre si aumentamos el nivel de inducción del campo magnético.

En resumen, se puede decir, que la f.e.m. inducida que se produce en una bobina cuando en su movimiento corta perpendicularmente las líneas de un campo magnético regular es igual a:

$$e_{inducida} = N \cdot \frac{\Delta\Phi}{\Delta t}$$

Donde $N$ es el número de espiras de la bobina y la expresión $\Delta\Phi/\Delta t$ nos indica la variación del flujo cortado por la bobina respecto al tiempo; es decir, lo rápido que varía el flujo magnético en los conductores.

Conviene indicar que se puede generar una f.e.m. inducida tanto si se mueven conductores en el seno de un campo magnético fijo, como si lo que se mueve es el campo magnético y se dejan fijos a los conductores. También se consigue f.e.m. inducida en los conductores si se les aplica un campo magnético variable, por ejemplo, proveniente de una bobina al que se le aplica corriente alterna.

## Ejemplos

**1.1** Una bobina de 100 espiras se mueve cortando perpendicularmente un campo magnético. La variación de flujo experimentado en dicho movimiento es uniforme y va de 2 mWb a 10 mWb en un intervalo de tiempo de 0,5 segundos. Averiguar la f.e.m. inducida.

**Solución:** $\Delta\Phi$ = variación de flujo = 10 - 2 = 8 mWb

$\Delta t$ = tiempo en el que varía el flujo = 0,5 s

$$e_{inducida} = N \cdot \frac{\Delta\Phi}{\Delta t} = 100 \cdot \frac{0,008}{0,5} = 1{,}6 \text{ V}$$

La fórmula de la f.e.m. inducida también se puede expresar de otra forma. Para un conductor de longitud $L$ que se desplaza perpendicularmente a la líneas de un campo magnético de inducción $B$ a una velocidad $v$, tenemos que:

$$e_{inducida} = B \cdot L \cdot v$$

*e* = *f.e.m. inducida en voltios.*
*B* = *inducción magnética en teslas.*
*L* = *Longitud del conductor en metros.*
*v* = *velocidad perpendicular en m/s.*

## Ejemplos

**1.2** Un conductor se desplaza a una velocidad lineal de 5 m/s en el seno de un campo magnético fijo de 1,2 teslas de inducción. Determinar el valor de la f.e.m. inducida en el mismo si posee una longitud de 0,5 m.

**Solución:** $e = B \cdot L \cdot v = 1{,}2 \cdot 0{,}5 \cdot 5 = 3$ V

## Sentido de la f.e.m. inducida. Ley de Lenz

La ley de Lenz nos indica que "el sentido de la corriente inducida en un conductor es tal que tiende a oponerse a la causa que la produjo." (Principio general de acción y reacción.)

Este efecto se puede comprobar experimentalmente de la siguiente manera: Si instalamos una dinamo o alternador acoplado a la rueda de una bicicleta estática y nos ponemos a pedalear, podremos comprobar como resulta bastante fácil mover los pedales. Si ahora conectamos a la dinamo una lámpara de 40 W, sentiremos una mayor resistencia al movimiento de los pedales, la cual aumenta todavía más si conectamos una lámpara de 100 W.

Lo que hemos comprobado experimentalmente es que cuando los conductores de la dinamo se mueven en el seno de un campo magnético, si el circuito está cerrado, aparece una corriente eléctrica que alimenta a la lámpara. Esta corriente produce, a su vez, un campo magnético de polaridad tal que tiende a oponerse a las variaciones del campo magnético inductor. Así, por ejemplo, si este campo magnético tendiese a crecer, la corriente inducida en el conductor genera un campo magnético de sentido contrario que tiende a contrarrestar dicho aumento. En el caso de la dinamo de la bicicleta, lo que se observa es que cuando aumenta la corriente por los conductores se aprecia una cierta resistencia al movimiento de los mismos.

Para determinar el sentido de la corriente inducida en un conductor que se desplaza perpendicularmente en el seno de un campo magnético resulta un tanto complejo la aplicación directa de la ley de Lenz. Un método mucho más sencillo resulta la aplicación de la regla de **Regla de Fleming de la mano derecha**.

Para aplicar esta regla se utilizan los tres dedos de la mano derecha, tal como se indica en la Figura 1.3: El **pulgar** se coloca en ángulo recto con respecto al resto de la mano e indicando el sentido de desplazamiento del conductor (***mo****vimiento*). El **índice** se coloca perpendicular al pulgar e indicando el sentido del flujo magnético (***ca****mpo*). El **corazón** se coloca en un plano perpendicular al formado por el pulgar y el índice nos indica el sentido que toma la corriente inducida (sentido convencional de la corriente) al mover el conductor en el seno del campo magnético (**co**rriente).

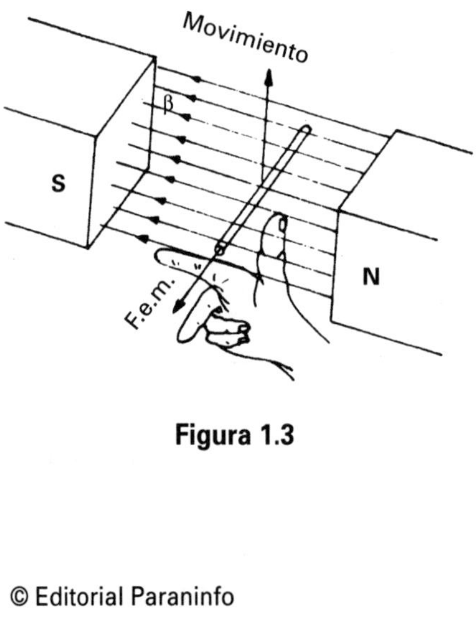


Figura 1.3

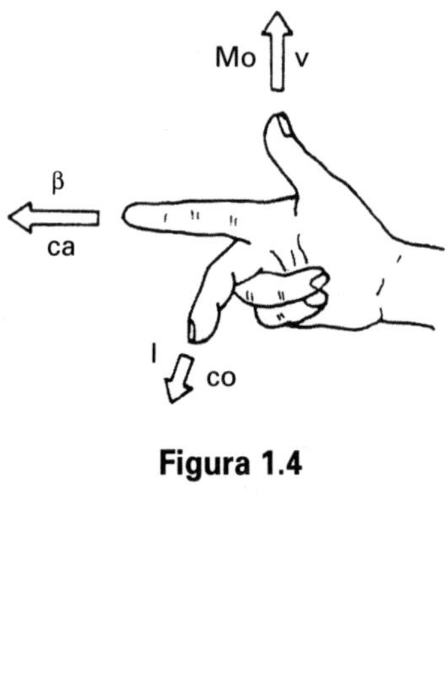


Figura 1.4

Una forma sencilla de no olvidarse de esta regla es aplicando la siguiente regla nemotécnica: **mo-ca-co** que significa **mo**vimiento, **ca**mpo, **co**rriente (Figura 1.4).

Gracias a esta sencilla regla podremos responder a estas sencillas preguntas:

- ¿Qué ocurre si invertimos el sentido de giro de una dinamo? Al moverse los conductores en sentido contrario al anterior, la corriente también se invertirá, dando como resultado una inversión en la polaridad de los bornes de salida del generador.
- ¿Qué ocurre si invertimos la polaridad del campo magnético inductor de una dinamo? Si aplicamos la regla de la mano derecha observaremos que al invertir el campo también se invierte el sentido de la corriente.

# Fuerza electromotriz inducida en un circuito próximo

Los campos magnéticos variables que desarrollan los conductores cuando son recorridos por corrientes variables pueden inducir fuerzas electromotrices al atravesar otros conductores que se encuentren en su proximidad.

Para entender este fenómeno podemos realizar una sencilla experiencia, que consiste en colocar dos bobinas muy cerca una de la otra, tal como se muestra en la Figura 1.5. En los extremos de la bobina B conectamos un galvanómetro de cero central. A su vez, en la bobina A conectamos primeramente un generador de C.C. Al cerrar el interruptor en la bobina A, se puede observar como el galvanómetro acusa el paso de una pequeña corriente por la bobina B que persiste sólo durante un pequeño período de tiempo. Si ahora abrimos el interruptor podremos comprobar como el galvanómetro vuelve a detectar el paso de corriente, pero ahora en sentido contrario.

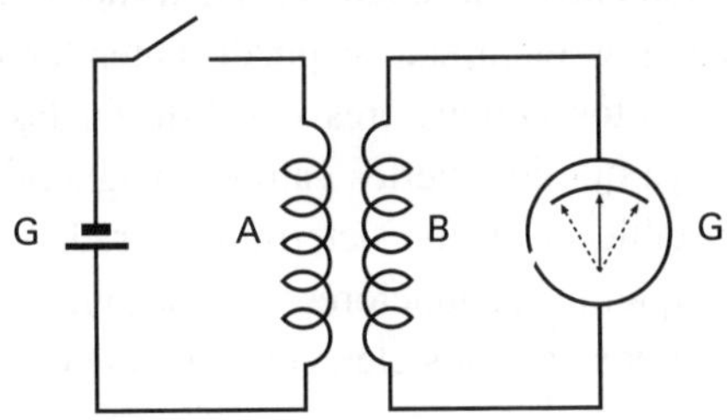


**Figura 1.5**

La explicación de este fenómeno la tenemos que encontrar en la inducción electromagnética.

Al cerrar el interruptor, por la bobina A aparece una corriente que tiende a crecer desde cero hasta su valor nominal, lo que origina en la misma un campo magnético variable y creciente. Al estar la bobina B muy próxima a la A, dicho campo magnético la atraviesa, produciéndose el principio de inducción electromagnética (conductores sometidos a la acción de un campo magnético variable) que da como resultado una fuerza electromotriz y una corriente eléctrica en la bobina B. Esta corriente sólo se produce mientras el campo magnético sea variable, es decir, mientras la corriente por la bobina A esté creciendo, hecho que ocurre sólo durante un pequeño período de tiempo.

Al abrir el interruptor el proceso se repite pero a la inversa. La corriente por la bobina A tiende a desaparecer lo mismo que el campo magnético. En la bobina B aparece una f.e.m. de inducción mientras que el campo magnético sea variable (en este caso decreciente). El galvanómetro acusa el paso de una corriente eléctrica. Pero en este caso de sentido contrario al anterior, hecho que se explica fácilmente con la ley de Lenz.

Si ahora sustituimos el generador de C.C. por uno de C.A. y el galvanómetro por un voltímetro de C.A. Al cerrar el interruptor podremos observar como el voltímetro conectado a la bobina B indica una determinada tensión. Si ahora sustituimos la bobina B por una de más espiras, se puede observar como la tensión de salida aumenta.

La explicación de esta experiencia hay que volver a buscarla en la inducción electromagnética. Ahora la bobina A es recorrida por una corriente variable, lo que produce, a su vez, un campo variable que atraviesa en todo momento a la bobina B. En consecuencia en esta bobina se produce constantemente una f.e.m. de inducción. Si aumentamos el número de espiras en la bobina B, la fuerza electromotriz inducida aumenta.

Gracias a este principio funcionan los transformadores eléctricos, que ya estudiaremos con más detención en el tomo 3 de esta obra. Además con él, podemos dar explicación a muchos fenómenos que aparecen en torno a las corrientes y campos magnéticos variables. Así, por ejemplo, se puede entender que es peligroso aproximarse demasiado a elementos conductores que este en las cercanías de líneas de transporte de alta tensión, ya que los fuertes campos magnéticos variables producidos por sus conductores se establecen en un determinado radio de acción e induce una elevada f.e.m. en todos aquellos conductores que atraviesa. Para evitar accidentes conviene conectar a tierra todos aquellos elementos metálicos que se encuentren en las proximidades de dichas redes.

## Aplicaciones prácticas de la inducción electromagnética

La principal aplicación de la inducción electromagnética es sin duda la producción de energía eléctrica en grandes cantidades mediante los alternadores. Además gracias a este fenómeno funcionan los transformadores eléctricos.

Existen muchas más aplicaciones, como por ejemplo: los relés diferenciales, pinza amperimétrica, hornos de inducción, etc.

# Corrientes parásitas o de Foucault

Si observamos detenidamente los núcleos magnéticos de transformadores, motores y electroimanes de C.A., podremos observar que estos están construidos con chapas magnéticas. Esto se hace así para evitar el efecto perjudicial de las corrientes parásitas o de Foucault.

Este efecto aparece sobre todo cuando se utilizan corrientes alternas. Cuando estas corrientes variables recorren los bobinados de electroimanes, transformadores, motores o generadores, el núcleo de hierro queda sometido a la acción de un campo magnético variable. Dado que el metal del núcleo es un buen conductor de la corriente eléctrica, se genera en él una f.e.m. inducida. Esta f.e.m. produce, a su vez, unas corrientes de circulación por el hierro, llamadas corrientes parásitas o de Foucault, que se cierran, formando cortocircuitos, por las secciones transversales de dicho núcleo.

Estas corrientes pueden llegar a alcanzar valores bastante elevados debido a la baja resistencia del hierro. En consecuencia, el núcleo se calienta por efecto Joule.

El calor generado por estas corrientes puede llegar a ser muy elevado, especialmente en núcleos sometidos a flujos magnéticos alternos de considerable frecuencia, como es el caso de todos los transformadores, motores y generadores de corriente alterna.

Este fenómeno reduce considerablemente el rendimiento de las máquinas eléctricas, incluso puede llegar a calentar núcleos de gran sección hasta llegar al rojo vivo.

La forma de minimizar al máximo estas corrientes consiste en dividir longitudinalmente el núcleo y aislar eléctricamente cada una de las partes, formando un paquete de chapas magnéticas, tal como se muestra en la Figura 1.6. De esta forma se consigue que cada una de estas divisiones o chapas abarque menos flujo, con lo que la f.e.m. inducida se reduce y, con ella, las corrientes parásitas.

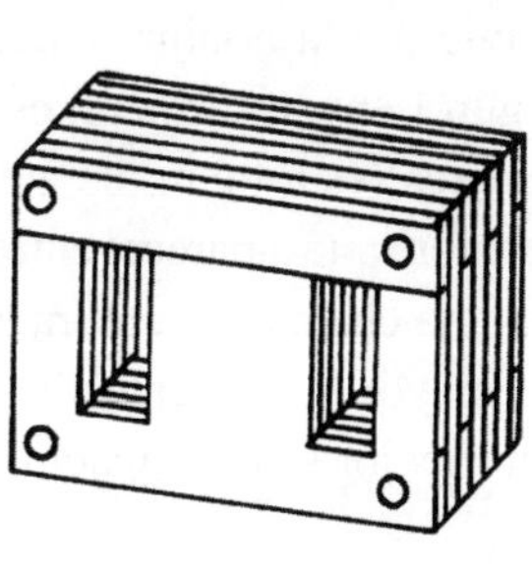

**Figura 1.6**

Las chapas utilizadas para formar el núcleo son de un espesor de menos de un milímetro y se aíslan eléctricamente entre sí mediante una fina capa de barniz. Además, a estas chapas magnéticas se les alea con silicio en un pequeño porcentaje para elevar la resistividad y, así, reducir considerablemente estas pérdidas.

Cuanto mayor sea la frecuencia de los campos alternos a la que se somete a los núcleos de hierro más se calentarán los mismos por efecto de las corrientes parásitas. El empleo de altas frecuencias limita considerablemente el uso de metales conductores en los núcleos de bobinas.

Aprovechando el fenómeno de las corrientes parásitas y el de la histéresis se pueden construir hornos eléctricos de inducción para fundir chatarra y cocinas domésticas de inducción. En ambos casos se genera un campo magnético de una frecuencia bastante elevada que atraviesa las piezas metálicas (la chatarra o las sartenes y cazuelas), lo cual origina en las mismas una elevación rápida de la temperatura causada por el efecto combinado de la histéresis y de las corrientes parásitas.

# Autoinducción. Bobinas

Seguro que habrás podido observar en alguna ocasión, como al abrir los contactos de un interruptor aparece entre los mismos una *chispa de ruptura*. Esta chispa es mucho más fuerte en el caso de que el interruptor corte la corriente que alimenta a una bobina. Estos fenómenos tienen que ver fundamentalmente con la *autoinducción*.

La autoinducción, como su palabra indica, significa inducirse a sí misma f.e.m. Cuando por una bobina circula una corriente eléctrica que es variable, ésta genera, a su vez, un campo magnético también variable que corta a los conductores de la propia bobina. Esto origina en los mismos una f.e.m. inducida, llamada f.e.m. de autoinducción que, según la ley de Lenz, tendrá un sentido tal que siempre se opondrá a la causa que la produjo.

Según esto, al abrir el interruptor de un circuito que alimenta una bobina (Figura 1.7), el flujo magnético que atraviesa a la bobina tiende a desaparecer, lo que origina una f.e.m. de autoinducción. Según Lenz, esta f.e.m. es de tal sentido que no deja que ni el flujo ni la corriente desaparezca (esta f.e.m. de autoinducción tiende a sumarse a la tensión de la batería). La tensión que aparece entre los contactos del interruptor suele ser tan grande que provoca una chispa de ruptura entre los mismos. El valor de la f.e.m. de autoinducción se hace mayor al aumentar la velocidad con que abrimos los contactos del interruptor, y cuanto mejor sea la capacidad de la bobina de generar flujo magnético.

 

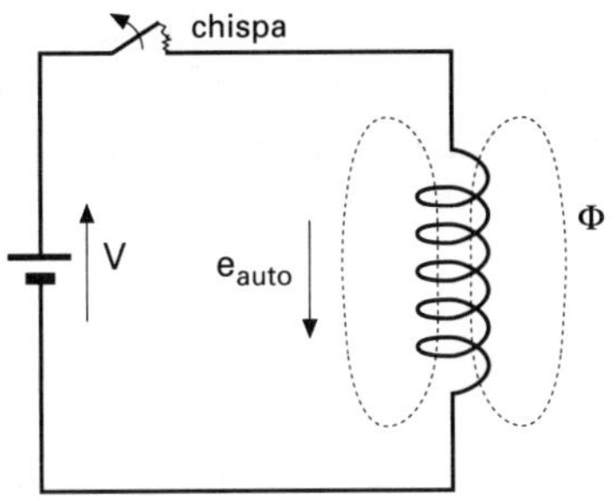


**Figura 1.7**

Al cerrar un circuito con bobina, el efecto de autoinducción también se deja notar. En este caso la corriente eléctrica tiene que pasar de cero hasta alcanzar su valor nominal, al igual que el flujo magnético que genera. Al crecer el campo magnético en la bobina, se genera una f.e.m. de autoinducción que, según la ley de Lenz, se opone al establecimiento de la corriente. De alguna manera, el fenómeno que se observa es que mientras la bobina se carga de energía electromagnética (establecimiento del flujo), la bobina presenta una oposición al establecimiento de la corriente eléctrica.

# Coeficiente de autoinducción

La f.e.m. de autoinducción de una bobina depende de la rapidez con que cambia el flujo en la misma, es decir:

$$e_{auto} = \frac{\Delta\Phi}{\Delta t}$$

Ahora bien, dependiendo de la capacidad de generar flujo de la bobina, esta f.e.m. tendrá un valor u otro. El coeficiente de autoinducción de una bobina nos dice la capacidad que tiene una bobina de generarse a sí misma f.e.m. de autoinducción.

$$e_{auto} = L \cdot \frac{\Delta I}{\Delta t}$$ *L = coeficiente de autoinducción en henrios* (H)

En esta expresión se puede apreciar como la f.e.m. de autoinducción aumenta con el coeficiente de autoinducción y con la rapidez con que varía la intensidad de corriente.

El coeficiente de autoinducción de una bobina se puede expresar como la relación entre el flujo magnético generado por la misma y la intensidad de corriente que ha sido necesaria aplicarla. Para un número de espiras $N$, tendremos que:

$$L = N \cdot \frac{\Phi}{I}$$

El coeficiente de autoinducción de una bobina depende de sus características constructivas. Se consiguen bobinas con coeficientes de autoinducción altos con núcleos de alta permeabilidad y gran número de espiras.

# Ejemplos

**1.3** Calcular el valor de la f.e.m. de autoinducción que desarrollará una bobina con un coeficiente de autoinducción de 50 milihenrios si se le aplica una corriente que crece regularmente desde cero hasta 10 A en un tiempo de 0,01 segundos.

**Solución:** $$e_{auto} = L \cdot \frac{\Delta I}{\Delta t} = 0,05 \cdot \frac{10}{0,01} = 50 \text{ V}$$

**1.4** Una bobina que posee 500 espiras produce un flujo magnético de 10 mWb cuando es atravesada por una corriente de 10 amperios. Determinar el coeficiente de autoinducción de la misma.

**Solución:** $$L = N \cdot \frac{\Phi}{I} = 500 \cdot \frac{0,01}{10} = 0,5 \text{ H}$$

## Resúmen de Conceptos

Cuando se mueve un conductor en el seno de un campo magnético, de tal manera que corte a las líneas de dicho campo, en el conductor aparece una tensión entre sus extremos que se conoce como **fuerza electromotriz de inducción**.

El valor de la fuerza electromotriz inducida en los conductores depende fundamentalmente de lo rápido que varía el flujo en los mismos:

$$e_{inducida} = N \cdot \frac{\Delta\Phi}{\Delta t}$$

Para un conductor de longitud *L* que se desplaza perpendicularmente a la líneas de un campo magnético de inducción *B* a una velocidad *v*, tenemos que:

$$e_{inducida} = B \cdot L \cdot v$$

*e = f.e.m. inducida en voltios.*
*B = inducción magnética en teslas.*
*L = Longitud del conductor en metros.*
*v = velocidad perpendicular en m/s.*

**La ley de Lenz** nos indica que "el sentido de la corriente inducida en un conductor es tal que tiende a oponerse a la causa que la produjo." (Principio general de acción y reacción.)

Las corrientes parásitas o de **Foucault** son corrientes que surgen por inducción electromagnética en las piezas metálicas de aquellos aparatos eléctricos sometidos a un campo magnético variable.

La **autoinducción** es un fenómeno que aparece en los conductores eléctricos cuando son recorridos por corrientes variables. Éstas generan campos variables que al cortar a dichos conductores producen una fuerza electromotriz de autoinducción.

El **coeficiente de autoinducción** de una bobina se puede expresar como la relación entre el flujo magnético generado por la misma y la intensidad de corriente que ha sido necesaria aplicarla. Se representa por la letra **L** y su unidad es el **Henrio (H)**.

$$L = N \cdot \frac{\Phi}{I}$$

# Actividades

Indica las respuestas correctas a las siguientes cuestiones:

**1.1.** La inducción electromagnética se produce cuando:

**a.** ❑ Se mueven conductores en dirección perpendicular a un campo magnético fijo.

**b.** ❑ Se mueven conductores en dirección paralelo a un campo magnético fijo.

**c.** ❑ Se somete a conductores fijos a la acción de un campo magnético variable.

**1.2.** El valor de la f.e.m. inducida en un conductor aumenta con:

**a.** ❑ Depende exclusivamente de lo intenso que sea el campo magnético.

**b.** ❑ Con la velocidad y el nivel de inducción electromagnética del campo.

**c.** ❑ Lo rápido que varía el flujo que corta el conductor.

**1.3.** ¿Cuál es el sentido de la corriente en el conductor de la Figura 1.8?

**a.** ❑ Saliente.

**b.** ❑ Entrante.

**c.** ❑ Nula.

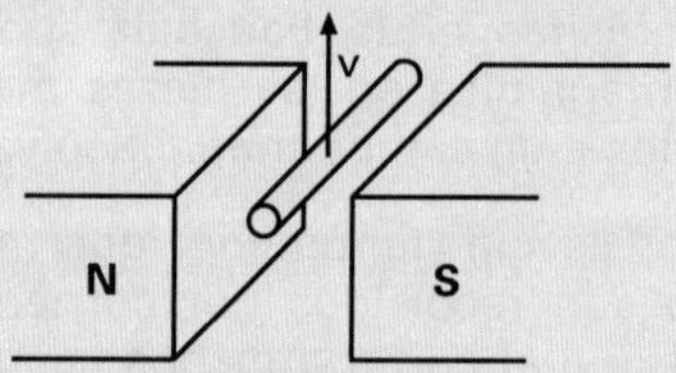


**Figura 1.8**

**1.4.** ¿Cuál es el sentido de la corriente en el conductor de la Figura 1.9?

**a.** ❑ Saliente.

**b.** ❑ Entrante.

**c.** ❑ Nula.

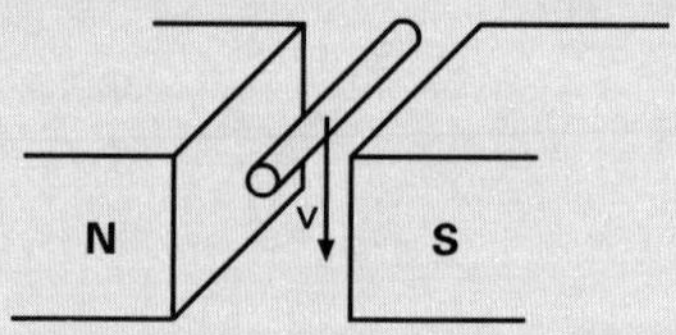


**Figura 1.9**

 

**1.5.** ¿Cuál es el sentido de la corriente en el conductor de la Figura 1.10?

**a.** ❑ Saliente.

**b.** ❑ Entrante.

**c.** ❑ Nula.

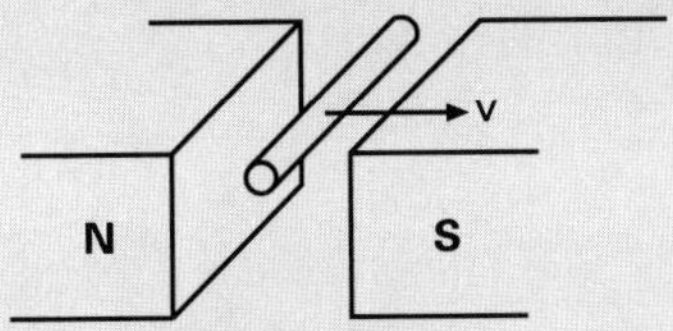


**Figura 1.10**

**1.6.** ¿Qué ocurriría si utilizásemos un transformador diseñado para trabajar a una frecuencia europea de 50 Hz en una red eléctrica americana de 60 Hz?

**a.** ❑ No influiría en su normal funcionamiento.

**b.** ❑ Al aumentar la frecuencia de la corriente se ve potenciado el efecto de las corrientes parásitas y el núcleo del transformador tendería a calentarse algo más de lo habitual.

# 2 La corriente alterna

En la actualidad la forma que se ha impuesto para la generación, transporte y consumo de la energía eléctrica es la de la corriente alterna. Este tipo de corriente, frente a la corriente continua, presenta una serie de ventajas que la hacen ideal para la mayoría de las aplicaciones.

En los inicios del desarrollo de los sistemas eléctricos, la electricidad se producía en forma de corriente continua mediante las dinamos. Este tipo de generador resulta bastante más complejo y difícil de mantener que los alternadores ya que necesitan para extraer la energía eléctrica del rotor (parte del generador en movimiento giratorio) de un colector en forma de anillo metálico subdividido en el que frotan escobillas de grafito. Además la energía no se podía transportar a largas distancias dado que no existía un sistema práctico que fuese capaz de elevar y reducir la tensión de grandes cantidades de energía (recordar que para transportar grandes cantidades de energía eléctrica se necesita elevar la tensión para conseguir que la intensidad de la corriente no sea muy grande. Así se evita el uso de grandes secciones en los conductores y se reducen las pérdidas por efecto Joule).

Los alternadores han sustituido en su totalidad a las dinamos, ya que, por un lado, evitan el uso de colectores (la energía eléctrica se produce directamente en el estator del generador) y por otro, producen corriente alterna que se puede elevar y reducir con facilidad gracias a los transformadores eléctricos (éstos necesitan de corrientes variables para funcionar).

En cuanto al consumo de energía eléctrica, los motores de C.A. son más sencillos y robustos que los de C.C. y resultan apropiados para la mayoría de las aplicaciones. En aquellos casos en que se hace necesario el uso de la corriente continua (alimentación de aparatos electrónicos, tratamientos electroquímicos, recarga de baterías de acumuladores, motores de C.C.) la conversión de C.A. a C.C. es sencilla y barata gracias a los rectificadores a base de diodos.

## Producción de una corriente alterna

Dado que la C.A. sigue las variaciones de la función senoidal, antes de abordar su estudio, conviene que realices un pequeño repaso a los siguientes conocimientos de matemáticas: funciones trigonométricas (seno, coseno y tangente), ángulos complemetarios, la función senoidal, variaciones de las funciones trigonométricas con el ángulo, representación vectorial y operaciones con vectores.

En la Figura 2.1 se muestra el aspecto de una alternador elemental. Consta de un campo magnético fijo producido por un imán, dentro del cual se hace girar un conductor eléctrico en forma de espira. Al cortar los conductores en su movimiento giratorio el campo magnético, se produce en los mismos una fuerza electromotriz de inducción que se muestra como una tensión V en los extremos de la espira. Para poder conectar dichos extremos a un receptor eléctrico es necesario utilizar un par de anillos conductores unidos eléctricamente con los mismos y situados en el eje de giro de la espira. Los receptores se conectan a través de unas escobillas fijas de grafito que mediante frotamiento consiguen un aceptable contacto eléctrico con los anillos colectores.

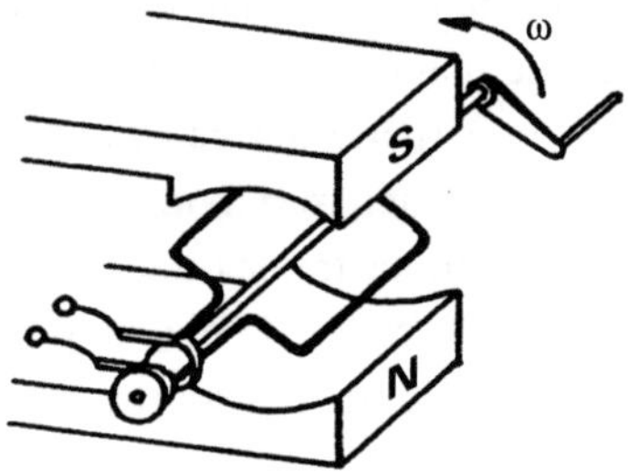


**Figura 2.1**

Se puede comprobar que la tensión que aparece en los terminales de la espira es variable y posee la forma de una senoide, tal como se muestra en la Figura 2.2.

Si seguimos la trayectoria de un conductor que gire a una velocidad angular ω, podremos entender los diferentes valores que alcanza la tensión para los diferentes ángulos α de giro (véase Figura 2.2):

- Punto A, α = 0 °: el conductor se mueve, según su velocidad tangencial, en dirección paralela a las línea del campo magnético, por lo que la f.e.m. inducida es igual a cero. (Recuerda que las líneas de campo se establecen entre el polo norte y el polo sur del imán).

- Punto B, $\alpha = 90$ °: en este punto el conductor se mueve plenamente en dirección perpendicular a las líneas de campo, por lo que se produce una f.e.m. máxima. Entre los puntos A y B existe un crecimiento del ángulo de corte de los conductores hasta los 90 ° (dirección totalmente perpendicular) que hace que la f.e.m. vaya aumentando paulatinamente de valor desde cero hasta alcanzar su valor máximo.
- Punto C, $\alpha = 180$ °: entre el punto B y C el ángulo de corte de los conductores respecto a las líneas de campo pasa de ser totalmente perpendicular a ser paralelo, por lo que la f.e.m. también pasa de su valor máximo hasta cero.
- Punto D, $\alpha = 270$ °: entre los puntos C y D los conductores pasan de moverse paralelamente a las líneas de campo hasta alcanzar una dirección perpendicular, por lo que el valor de la f.e.m. vuelve a crecer hasta su valor máximo. Si nos fijamos en la dirección de corte de los conductores, ahora éstos se mueven con una trayectoria de sentido contrario a cuando el conductor se movía entre los puntos A y C. Si aplicamos la regla de mano derecha podremos comprobar como ahora el sentido de la f.e.m. se invierte de sentido.

Entre los puntos D y A se cierra un vuelta completa del conductor, desarrollándose un ciclo de la corriente alterna.

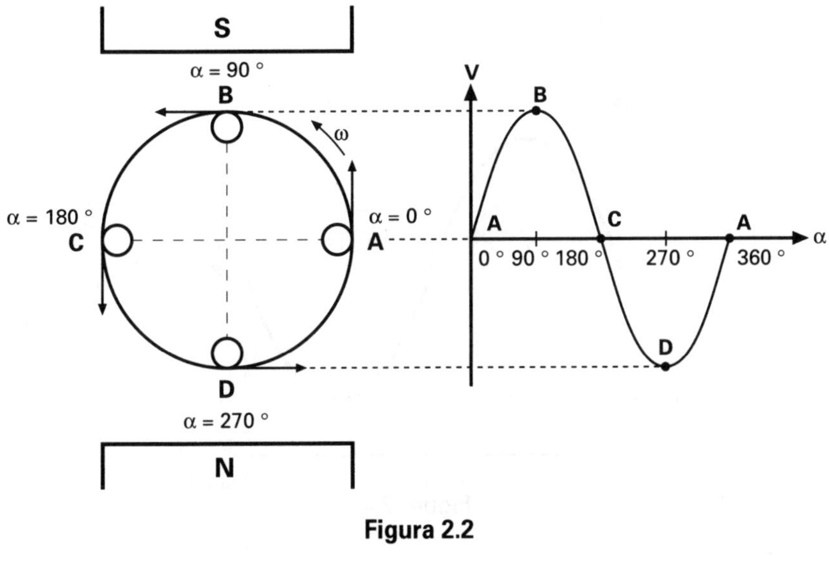


**Figura 2.2**

En la práctica y con el fin de eliminar los anillos colectores, los alternadores se construyen de tal forma que lo que se pone en movimiento de giro son las piezas polares que producen el campo magnético inductor. En el estator se sitúan los conductores donde se genera la f.e.m. de inducción cuando son cortados por el campo magnético en movimiento (Figura 2.3).

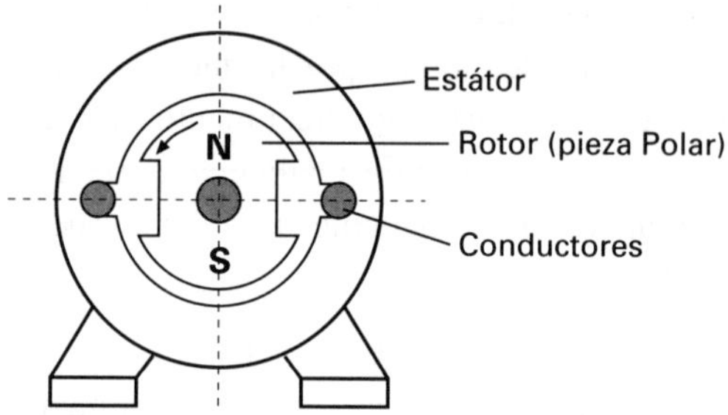


**Figura 2.3**

# Valores característicos de la C.A.

Al representar en un gráfico la tensión que aparece en un alternador en función del tiempo o del ángulo de giro, aparece una curva que se conoce como senoide. Esto es así, porque la tensión queda en función del seno del ángulo $\alpha$ de giro. Para estudiar todos los valores que se dan en una tensión senoidal vamos a tomar como ejemplo una C.A. como la que disponemos en nuestras viviendas, de 230 V y de frecuencia 50 ciclos por segundo. En la Figura 2.4 se muestra el aspecto que presentaría la misma en la pantalla de un osciloscopio.

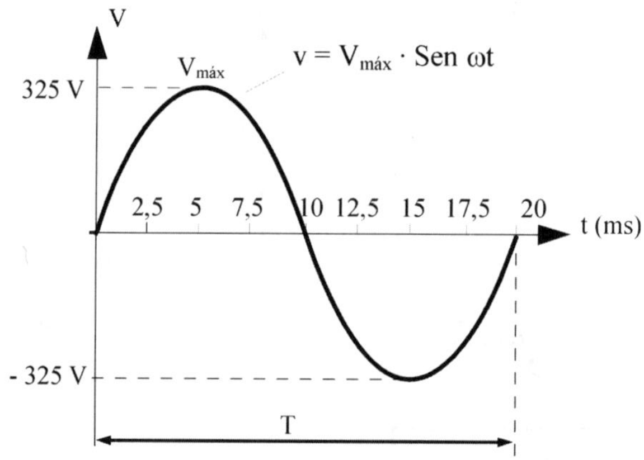


**Figura 2.4**

***Valor máximo de la tensión.*** La tensión senoidal alcanza diferentes valores según la posición relativa de los conductores respecto al campo magnético. Varía a cada instante, de tal forma que por cada ciclo es dos veces nula y dos veces máxima (pero de sentido opuesto $+V_{máx}$ y $-V_{máx}$). Se conoce como valor máximo al mayor de todos ellos y que en el gráfico se da en las crestas de la senoide. En nuestro ejemplo este valor es de 325 V.

 

***Tensión eficaz.*** Dado que la tensión cambia constantemente (en nuestro ejemplo desde 0 V a 325 V) se hace necesario determinar un valor intermedio que represente a la tensión para realizar los cálculos y medidas, nos referimos a la tensión eficaz. En nuestro ejemplo, la tensión eficaz es 230 V y es el que mide un voltímetro de C.A. La tensión eficaz también se puede definir como aquél que en las mismas condiciones produce los mismos efectos caloríficos en una resistencia eléctrica que una tensión continua del mismo valor.

Para una C.A. senoidal, se puede demostrar que la tensión eficaz es $\sqrt{2}$ más pequeña que la tensión máxima:

$$V_{ef} = \frac{V_{max}}{\sqrt{2}}$$

***Intensidad eficaz.*** Al igual que ocurre con la tensión, la intensidad de la corriente también varía según una función senoidal, siendo dos veces nula y dos veces máxima por cada ciclo del alternador. La intensidad eficaz es el valor intermedio que produce los mismos efectos energéticos que una corriente continua del mismo valor. Además es la que indican los amperímetros de C.A. Aplicando la ley de Ohm tendríamos que:

$$I_{ef} = \frac{V_{ef}}{R} \qquad \text{siendo} \qquad I_{ef} = \frac{I_{max}}{\sqrt{2}}$$

# Ejemplos

**2.1** ¿Cuál es el valor eficaz de una tensión alterna si su valor máximo es 325 V?

**Solución:** $V_{ef} = \frac{V_{max}}{\sqrt{2}} = \frac{325}{\sqrt{2}} = 230 \text{ V}$

**2.2** ¿Cuál es el valor máximo de una tensión alterna de 125 V?

**Solución:** $V_{máx} = V_{ef} \cdot \sqrt{2} = 125 \cdot \sqrt{2} = 177 \text{ V}$

**2.3** Conectamos una resistencia de 100 ohmios a una red de C.A. de 230 V. Determinar el valor eficaz y máximo de la intensidad de la corriente.

**Solución:** Siempre que nos indiquen el valor de la tensión o corriente de una C.A. se refiere al valor eficaz, que en nuestro ejemplo es de 230 V. De esta forma el valor eficaz de la corriente lo calculamos aplicando la ley de Ohm:

$$I_{ef} = \frac{V_{ef}}{R} = \frac{230}{100} = 2{,}3 \text{ A}$$

$$I_{máx} = I_{ef} \cdot \sqrt{2} = 2{,}3 \cdot \sqrt{2} = 3{,}25 \text{ A}$$

El conocimiento de los valores máximos que alcanza la tensión de una C.A. es muy importante, ya que es necesario seleccionar los aislantes adecuados para aparatos y conductores eléctricos que sean capaces de soportar dichos valores máximos.

***Valor medio del ciclo completo.*** Si realizamos la media de todos los valores en un ciclo completo, dado que la mitad son positivos y la otra negativos, obtendremos un resultado de cero. Es por eso que, como un aparato de C.C. mide exclusivamente el valor medio, al realizar una medida con un voltímetro o amperímetro de C.C. en un sistema de C.A. obtendremos una medida de cero.

***Ciclo o período.*** En el alternador elemental estudiado al comienzo de este tema, se podría decir que cada vuelta que da la espira se produce un ciclo. El período es el tiempo que transcurre en un ciclo completo. Se representa por la letra **T** y se mide en segundos.

En el ejemplo de la Figura 2.4 se puede comprobar como el período es de 20 milésimas de segundo. Este tiempo es bastante pequeño y en el caso de que lo produjese nuestro alternador elemental significaría que tardaría solamente en completar una vuelta 20 ms.

¿Cuántas vueltas dará nuestro alternador elemental en un tiempo de 1 segundo?

Como por cada vuelta se invierten 0,02 segundos, en 1 segundo tendremos:

$$\frac{1}{0,02} = 50 \text{ vueltas}$$

En este caso se podría decir que el alternador gira a 50 vueltas por segundo y produce una C.A. senoidal de 50 ciclos por segundo.

***Frecuencia.*** Es el número de ciclos que se producen en un segundo. Se representa por la letra **f** y se mide en Hertzios (Hz) o en ciclos/segundo.

De esta definición es fácil deducir que, en el caso del alternador elemental la frecuencia es de 50 Hz y que coincide con las revoluciones por segundo de la espira. También se deduce que para calcular la frecuencia, conocido el período, emplearemos la siguiente expresión:

$$f = \frac{1}{T}$$

# Ejemplos

**2.4** ¿Cuál será el valor de la frecuencia de una C.A. senoidal si mediante un osciloscopio determinamos que su período es de 0,010 segundos?

**Solución:** $f = \dfrac{1}{T} = \dfrac{1}{0,010} = 100 \text{ Hz}$

**2.5** Determinar el período que le corresponde a la frecuencia de la red eléctrica americana si su frecuencia es de 60 Hz.

**Solución:** $T = \dfrac{1}{f} = \dfrac{1}{60} = 0,01666 \text{ s} = 16,66 \text{ ms}$

Para medir la frecuencia se utiliza el frecuencímetro.

# Ejemplos

**2.6** En la Figura 2.5 se muestra el esquema de conexiones de un frecuencímetro y un voltímetro de C.A. conectados a la entrada de un cuadro de distribución. Las lecturas de estos aparatos de medida son 40 Hz y 500 V respectivamente. Determinar el período y el valor máximo de la tensión.

**Solución:** $T = \dfrac{1}{f} = \dfrac{1}{40} = 0,025 \text{ s}$

$$V_{máx} = V_{ef} \cdot \sqrt{2} = 500 \cdot \sqrt{2} = 707 \text{ V}$$

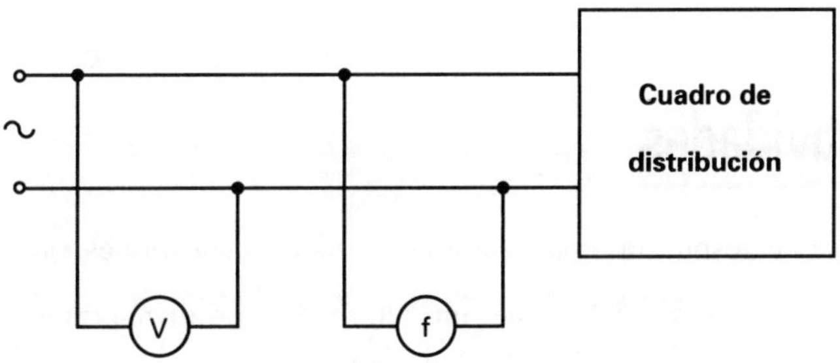


**Figura 2.5**

## Resúmen de Conceptos

La corriente alterna es la más usada para la mayor parte de las aplicaciones, dada la facilidad con la que se eleva y reduce su tensión para el transporte de electricidad.

Para producir corriente alterna basta con poner a girar conductores dentro de un campo magnético fijo o a la inversa.

Un **alternador** produce una C.A. senoidal, donde la tensión y la corriente cambian constantemente de valor y de sentido. En un ciclo se consigue que estos valores sean dos veces cero, un valor máximo positivo y un valor máximo negativo.

El **valor máximo** se relaciona con el valor eficaz así: $V_{máx} = V_{ef} \cdot \sqrt{2}$

El **valor eficaz** es aquél que produce los mismos efectos caloríficos que una corriente continua del mismo valor. Es el que se utiliza comúnmente.

El **período** (*T*) es el tiempo que transcurre en un ciclo completo y se mide en segundos.

La **frecuencia** (*f*) es el número de ciclos que se producen en un segundo y se mide en Hz. $f = \frac{1}{T}$

## Actividades

Indica las respuestas correctas a las siguientes cuestiones:

**2.1.** ¿A qué se debe que un alternador produzca una tensión que cambia constantemente de valor y de sentido?

**a.** ❑ Los electrones son empujados a moverse según gira el alternador.

**b.** ❑ A que los conductores en su giro cortan al campo magnético con diferentes ángulos.

**2.2.** ¿Qué indica un voltímetro de C.C. al ser conectado a una red de C.A.?

**a.** ❑ El valor eficaz.

**b.** ❑ El valor máximo.

**c.** ❑ Cero.

**2.3.** ¿De todos los valores que compone una C.A. senoidal, cuál es el que se utiliza siempre para cálculos y medidas?

**a.** ❑ El valor eficaz.

**b.** ❑ El valor medio.

**c.** ❑ El valor máximo.

**2.4.** ¿Para qué es interesante conocer el valor máximo de la tensión en un sistema de C.A.?

**a.** ❑ Es el que se utiliza comúnmente para realizar cálculos y medidas.

**b.** ❑ Es el que hay que tener en cuenta para la elección de los aislantes.

**c.** ❑ De él depende el valor de la frecuencia.

**2.5.** Con un voltímetro de C.A. se mide una tensión de 100 V ¿cuál es el valor máximo de la tensión?

**Resultado:** 141 V

**2.6.** Averiguar la frecuencia de un C.A. si su período es de 5 ms.

**Resultado:** 200 Hz

**2.7.** En la Figura 2.6 se muestra la imagen que aparece en un osciloscopio que mide los valores de un corriente alterna con la que se alimenta una resistencia de 20 ohmios. Con estos datos determinar la frecuencia, el valor eficaz de la corriente y de la tensión, así como el valor máximo de la tensión.

**Resultado:** $f = 20$ Hz; $I_{ef} = 3{,}54$ A; $V_{ef} = 71$ V; $V_{máx} = 100$ V

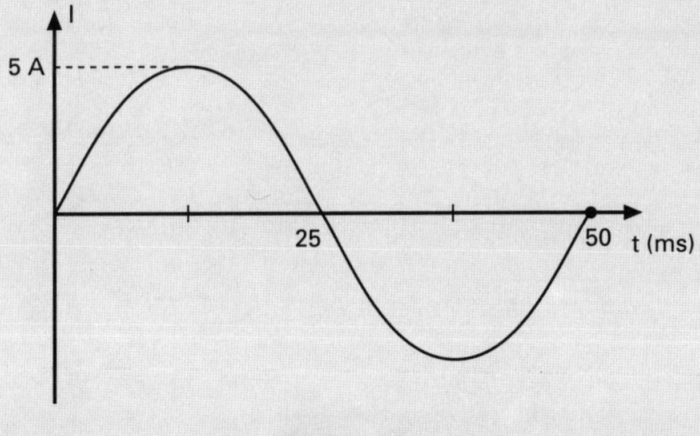


**Figura 2.6**

**2.8.** Determinar la tensión máxima que deberá soportar un aislador de una línea de transporte de energía eléctrica si la tensión eficaz entre fases es de 220.000 V.

**Resultado:** 311 KV

**2.9.** Consigue un generador de funciones (instrumento muy utilizado en electrónica que sirve para producir tensiones variables a diferentes frecuencias) y, a modo de ejercicio práctico, comprueba con un osciloscopio los valores de las magnitudes asociadas a las señales senoidales de diferentes frecuencias.

 

# 3 Receptores elementales en corriente alterna

Ahora vamos a estudiar el comportamiento de los receptores elementales cuando son sometidos a una corriente alterna. Dentro de la multitud de receptores que se pueden construir existen tres elementos claramente diferenciados. Nos referimos a: resistencias, bobinas y condensadores. Estos receptores se comportan de diferente manera según se les aplique corriente continua o alterna.

## Circuito con resistencia pura

Los circuitos con resistencia aparecen prácticamente en todo tipo de receptores, ya que hay que tener en cuenta que los propios conductores con los que se diseñan los receptores siempre poseen algo de resistencia. Por supuesto, los receptores que utilizan básicamente las resistencia son los calefactores.

- **En corriente continua:** Recordemos que cuando una corriente continua fluye por una resistencia, ésta se calienta. Para calcular el valor de la corriente aplicamos la ley de Ohm:

$$I = \frac{V}{R}$$

*I* = *Intensidad en amperios*
*V* = *Tensión en voltios*
*R* = *Resistencia en ohmios*

La potencia que aparece en la resistencia se transforma en energía calorífica y se calcula mediante la expresiones:

$P = V \cdot I$  $P = R \cdot I^2$  *P* = *Potencia en vatios*

- **En corriente alterna:** Una resistencia pura se comporta de forma similar en corriente alterna que en continua. En este caso también se cumple la ley de Ohm, pero ahora se aplica con los valores eficaces de la corriente y la tensión, que son los que indicarían un amperímetro y un voltímetro respectivamente.

$$I = \frac{V}{R}$$

*I* = *Intensidad en amperios*
*V* = *Tensión en voltios*
*R* = *Resistencia en ohmios*

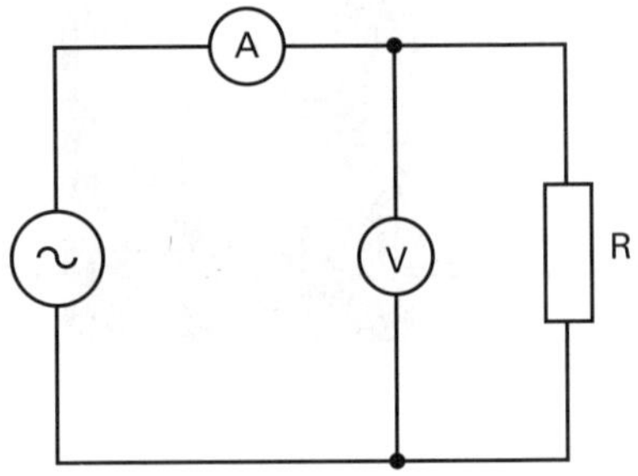


**Figura 3.1**

De esta manera, se puede deducir que, para una tensión determinada aplicada a una resistencia, la intensidad eficaz que aparece en corriente alterna es del mismo valor que la intensidad de corriente continua que recorre el mismo circuito.

Es por eso que la potencia que se desarrolla en C.A. es igual que la que se desarrolla en C.C. Hecho que se puede comprobar experimentalmente. Si conectamos un vatímetro para medir la potencia a la que trabaja una resistencia óhmica pura, podremos verificar que la lectura del vatímetro es la misma para C.C. que para C.A., siempre y cuando utilicemos los mismos valores de tensión e intensidad en C.C. que los eficaces de C.A.

$P = V \cdot I$ $\qquad$ $P = R \cdot I^2$ $\qquad$ $P$ = *Potencia en vatios*

Dado que la tensión que aplicamos a la resistencia varía según la forma de una senoide, si aplicásemos la ley de Ohm a todos estos valores, obtendremos una intensidad de corriente eléctrica que también es una senoide, tal como se muestra en la Figura 3.2.

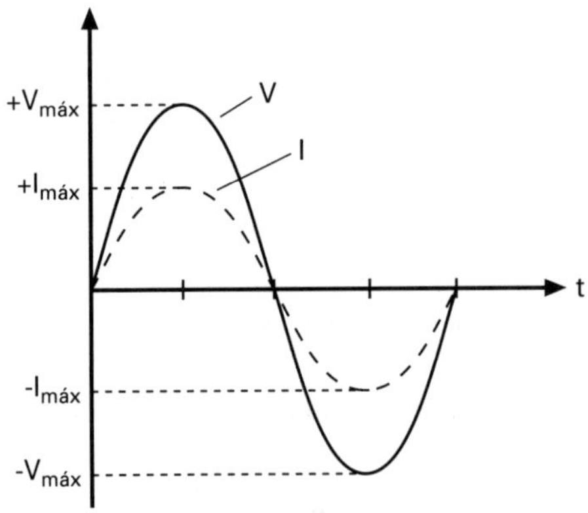


**Figura 3.2**

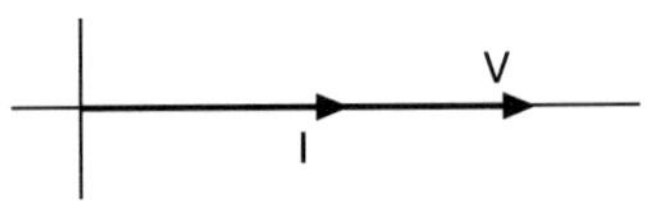


**Figura 3.3**

Si observamos detenidamente la representación gráfica de la tensión e intensidad podremos comprobar que, cuando el valor de la tensión $V$ aumenta o disminuye, también lo hace el de la corriente $I$, alcanzando los valores máximos y nulos en el mismo instante de tiempo. En este caso se puede decir **que la corriente y la tensión están en fase**.

En vez de representar la tensión y la intensidad de la corriente por curvas, es posible reproducir su valores mediante flechas o **vectores**. Para que la representación sea correcta es necesario dibujar estos vectores con una longitud que sea proporcional a los valores de la tensión e intensidad. En el caso de un circuito con resistencia pura, estos dos vectores poseen la misma dirección y sentido, lo que indica que la tensión e intensidad están en fase, tal como se muestra en la Figura 3.3.

# Ejemplos

**3.1** Determinar la corriente y potencia que aparecerán en una resistencia pura de 50 ohmios si la sometemos a una tensión alterna senoidal de 220 V. Dibujar el diagrama vectorial.

**Solución:** Mientras no nos indiquen ninguna otra referencia, la tensión a la que se refiere el enunciado de este problema es el valor eficaz. De esta forma el valor eficaz de la intensidad de la corriente es:

$$I = \frac{V}{R} = \frac{220}{50} = 4,4 \text{ A}$$

La potencia la podemos calcular así:

$$P = R \cdot I^2 = 50 \cdot 4,4^2 = 968 \text{ W}$$

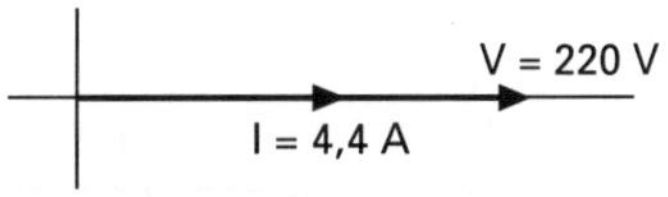


**Figura 3.4**

El diagrama vectorial lo dibujamos a una determinada proporción de los valores: $I = 4,4$ A; $V = 220$ V, tal como se muestra en la Figura 3.4

# Circuito con bobina

Las bobinas están presentes en todos aquellos receptores en los que sea necesario la producción de un campo magnético. Nos referimos a: electroimanes, contactores, motores, reactancias de arranque de lámparas de descarga (fluorescentes, vapor de mercurio, vapor de sodio, etc.), transformadores, etc.

Para el estudio del comportamiento de la bobina vamos a partir del hecho de que su resistencia es cero. Hecho, que como se podrá entender, es en la mayoría de las aplicaciones falso, ya que los conductores con los que se construyen habitualmente las bobinas son de cobre por lo que siempre tienen una determinada resistencia.

- **En corriente continua:** Si conectamos una bobina a una tensión continua, en ella aparece una corriente eléctrica que queda únicamente limitada por la resistencia que posean los conductores con los que haya sido fabricada. Según la ley de Ohm: $I = V/R$. Dado que esta resistencia suele ser pequeña, si aplicamos una tensión elevada a la bobina, aparece una fuerte corriente por la misma, desarrollándose una fuerte potencia que puede llegar a destruirla por el fuerte calor generado.
- **En corriente alterna:** Si conectamos la misma bobina a una tensión alterna, se puede comprobar experimentalmente que ahora la corriente que fluye por la misma es más bien moderada. Si conectamos un vatímetro podríamos comprobar como el consumo de potencia es prácticamente nulo, a pesar de la existencia de una cierta corriente. De aquí se puede sacar la conclusión de que la bobina desarrolla una cierta oposición a la corriente eléctrica de carácter diferente a la resistencia óhmica.

Todos estos fenómenos se deben al efecto de autoinducción de la bobina:

Cuando la bobina es recorrida por una corriente alterna, aparece una corriente variable, y por tanto un campo magnético también variable (Figura 3.5). Dado que las líneas de fuerza del flujo magnético, que ella misma genera, cortan a sus propios conductores, surge una f.e.m. de autoinducción que, según la ley de Lenz, se va a oponer a la causa que la produjo. Es decir, se opone en todo momento a los cambios de corriente.

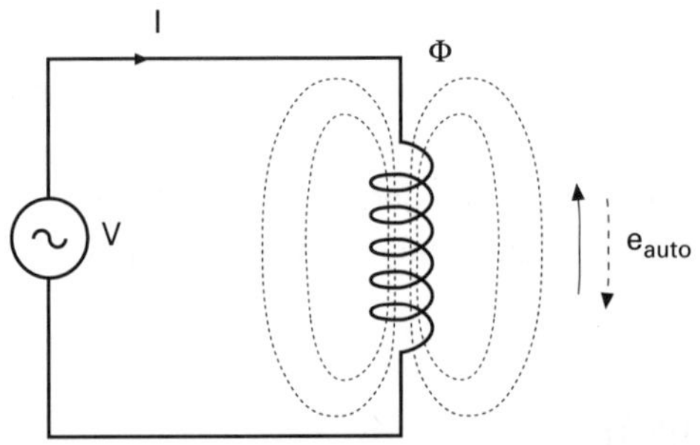


**Figura 3.5**

Cuando la corriente, siguiendo las variaciones de la función senoidal, tiende a crecer, el campo magnético también lo hace. Aparece entonces una f.e.m. que se opone a que la corriente se establezca, provocando un efecto de retraso en la corriente eléctrica respecto de la tensión (al conectar una bobina a una tensión alterna, la tensión aparece inmediatamente, mientras que la corriente tarda un cierto tiempo en establecerse). En estas condiciones la bobina se está cargando de energía en forma de campo magnético creciente.

Cuando la corriente se ha establecido con su valor máximo por la bobina, la f.e.m. de autoinducción se hace cero. Pero cuando la corriente empieza a disminuir, también lo hace el campo, y entonces se genera una f.e.m. de autoinducción de tal sentido que se opone a que la corriente desaparezca. Ahora la bobina descarga hacia el generador la energía que había acumulado, en forma de campo magnético decreciente.

Realmente, una bobina pura (sin resistencia óhmica) devuelve toda la energía que ha utilizado para crear el campo magnético y, en consecuencia, la potencia media que consume es cero.

En la Figura 3.6 se ha representado a la corriente eléctrica con un retraso de 90 ° respecto de la tensión. Observa como, efectivamente, cuando la intensidad quiere crecer la tensión es máxima, siendo en este momento cuando se carga la bobina.

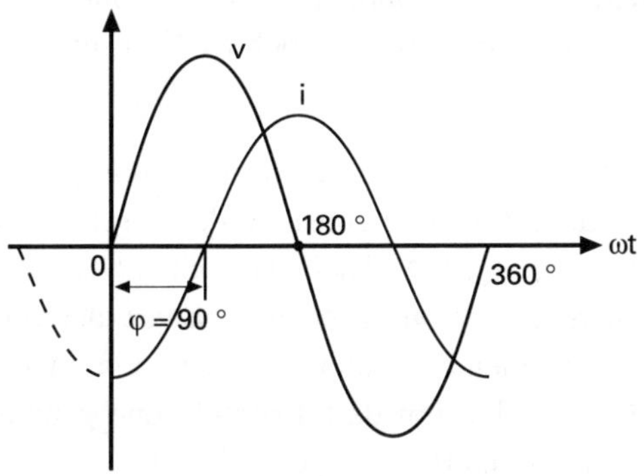


Figura 3.6

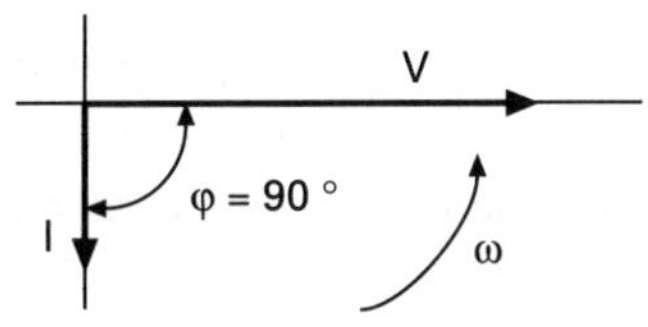


Figura 3.7

En este caso se dice que la intensidad está desfasada en retraso respecto a la tensión en un cuarto de ciclo, es decir ángulo φ de 90 °, tal como se muestra en la representación vectorial de la Figura 3.7.

☞ *Una bobina pura retrasa un ángulo de 90 ° a la corriente respecto de la tensión.*

Como la oposición que presenta la bobina a la corriente alterna tiene que ver con los fenómenos de autoinducción, ésta será mayor cuanto mayor sea el coeficiente de autoinducción $L$ y más rápidas sean las variaciones de la corriente alterna, es decir la frecuencia $f$. Si llamamos **reactancia inductiva** ($X_L$) a la oposición que presenta la bobina a la corriente, tendremos que:

$$X_L = 2 \cdot \pi \cdot f \cdot L$$

$X_L$ = *Reactancia inductiva en ohmios*
$f$ = *Frecuencia en hertzios*
$L$ = *Coeficiente de autoinducción en henrios*

Para calcular el valor eficaz de la corriente en una bobina aplicaremos la siguiente expresión, que es muy similar a la ley de Ohm:

$$I = \frac{V}{X_L}$$

# Potencia en una bobina

Tal como indicábamos al principio de este tema, si se mide la potencia de una bobina pura al aplicarla una C.A., se puede comprobar que el vatímetro indica una potencia igual a cero.

Al contrario que ocurre en una resistencia, en una bobina pura no se produce ningún consumo de energía calorífica. La corriente que recorre la bobina sirve únicamente para generar el campo magnético.

En realidad lo que ocurre es que, al intentar crecer la corriente por la bobina, también lo hace el campo magnético, produciéndose un consumo de energía eléctrica. En este caso la energía fluye del generador de C.A. hacia la bobina y es cuando decimos que ésta se está cargando de energía electromagnética. Una vez alcanzada la corriente máxima y el flujo máximo, éstos tienden a disminuir siguiendo la trayectoria senoidal, desarrollándose una f.e.m. de autoinducción de tal sentido que genera una energía eléctrica que, ahora, fluye desde la bobina hacia el generador. En este caso, la bobina devuelve la energía al generador. De esta manera tenemos, que la bobina no consume realmente la energía, simplemente la toma prestada durante un cuarto de ciclo para generar su campo electromagnético, para devolverla en el siguiente cuarto de ciclo.

Dado que el vatímetro mide el valor medio de la potencia y ésta es positiva durante un cuarto de ciclo y negativa en el siguiente, éste no indica ninguna potencia.

Aunque la bobina no consuma energía real para su funcionamiento, las constantes cargas y descargas de la misma hacen que circule una determinada corriente por los conductores y, por tanto, también aparece una potencia que fluctúa por los mismos, que llamaremos: **potencia reactiva ($Q_L$)**.

En una bobina: $Q_L = X_L \cdot I^2$ (VAR) (volti-amperios-reactivos)

# Ejemplos

**3.2** Se conecta una bobina con un coeficiente de autoinducción de 0,2 henrios a una red de C.A. de 50 Hz, tal como se muestra en la Figura 3.8. Si el voltímetro indica una tensión de 125 V, averiguar las lecturas del amperímetro y el vatímetro, así como la potencia reactiva de la bobina. Dibujar el diagrama vectorial.

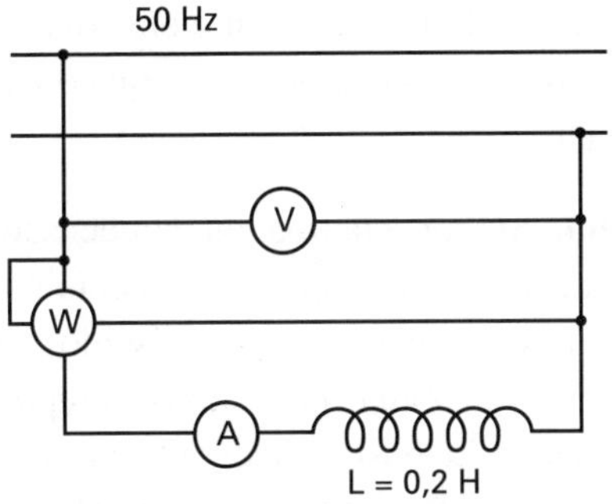


**Figura 3.8**

**Solución:** Primero determinamos la reactancia inductiva:

$$X_L = 2 \cdot \pi \cdot f \cdot L = 2 \cdot \pi \cdot 50 \cdot 0{,}2 = 62{,}8\ \Omega$$

La intensidad de la corriente eléctrica quedará limitada por el valor de esta reactancia.

$$I = \frac{V}{X_L} = \frac{125}{62{,}8} = 2\ \text{A}$$

La lectura del amperímetro es de 2 A, que se corresponde con el valor eficaz de la corriente.

Con estos valores ya podemos dibujar el diagrama vectorial (Figura 3.9).

Para ello tendremos en cuenta que la bobina produce un retraso de 90 ° a la corriente respecto de la tensión.

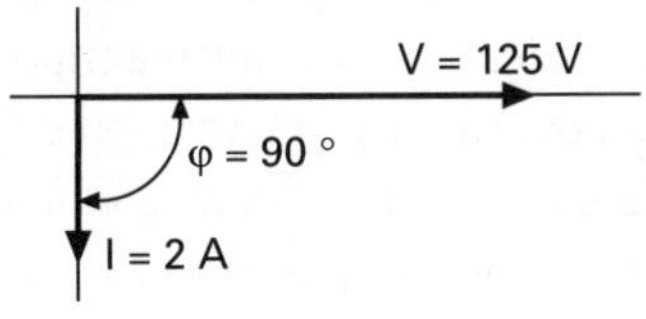


**Figura 3.9**

La potencia reactiva la calculamos con la expresión:

$$Q_L = X_L \cdot I^2 = 62{,}8 \cdot 2^2 = 251\ \text{VAR}$$

Como se trata de una bobina pura, el vatímetro indica cero vatios.

# Circuito con condensador

Los condensadores no son unos receptores que se utilicen tan habitualmente en C.A. como las resistencias y las bobinas. Sin embargo son muy útiles, por ejemplo, para contrarrestar los fenómenos negativos que producen las potencias reactivas de las bobinas.

- **En corriente continua**. Cuando aplicamos C.C. a un condensador, éste se carga de energía eléctrica, haciendo fluir corriente eléctrica por el circuito sólo durante dicha carga. De esta forma, se puede decir que un condensador no permite el paso de la corriente continua.

- **En corriente alterna**. Si conectamos un condensador a una tensión alterna (Figura 3.10), se puede comprobar experimentalmente que ahora sí fluye corriente de una forma constante. Si conectásemos un vatímetro, al igual que ocurre con el circuito con bobina, podríamos comprobar como el consumo de potencia es nulo, a pesar de la existencia de una cierta corriente. De aquí se puede sacar la conclusión de que el condensador, lo mismo que la bobina, no consume potencia.

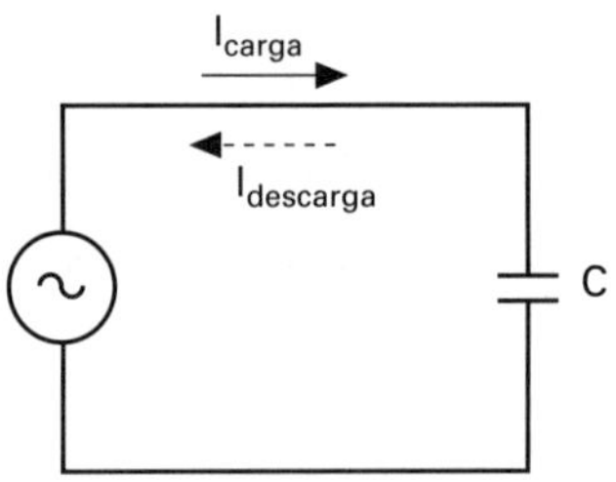


**Figura 3.10**

Estudiemos con detenimiento los fenómenos que se dan. Cuando aplicamos la tensión al condensador, como éste está totalmente descargado, aparece en el mismo una fuerte corriente de carga. Según se carga el condensador, la tensión que aparece en el mismo va aumentando mientras disminuye la corriente. Cuando se completa la carga la corriente es cero y la tensión alcanza su valor máximo. Se habrá podido observar en esta explicación, que en un condensador primero aparece la corriente, siendo la tensión cero (nivel de carga inicial cero) y según se va cargando el mismo la tensión crece y la corriente disminuye. Por esta razón, se puede decir que el condensador adelanta la corriente en el tiempo respecto de la tensión. En el diagrama vectorial este desfase se corresponde a un ángulo de 90 ° en ciclo (Figura 3.11).

Cuando la tensión aplicada al condensador comienza su descenso, éste descarga la energía acumulada en el 1/4 de ciclo anterior, apareciendo una corriente de descarga por el circuito.

 

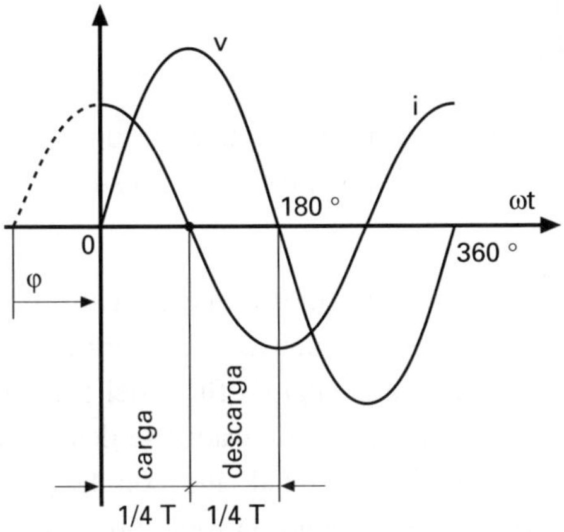


**Figura 3.11**

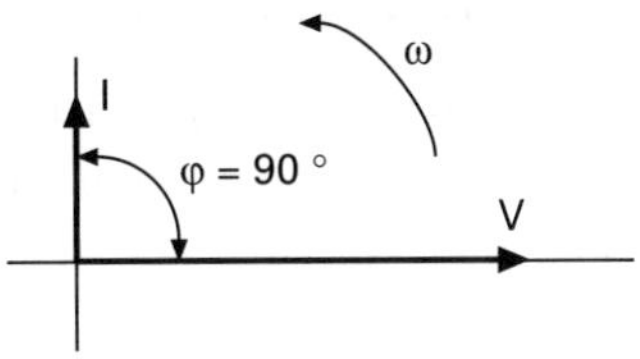


**Figura 3.12**

En el diagrama vectorial de la Figura 3.12 se ha dibujado a la intensidad con un ángulo φ de 90 ° en adelanto respecto a la tensión.

☞ *Un condensador puro adelanta un ángulo de 90 ° a la corriente respecto de la tensión.*

Un condensador, en C.A., hace que fluya constantemente una corriente eléctrica por el circuito debido a las constantes cargas y descargas del mismo. Es importante hacer notar que esta corriente nunca llega a atravesar el dieléctrico del condensador, pero si existe por los conductores que lo alimentan.

Como el establecimiento de la corriente eléctrica en un condensador cuando le es aplicado una C.A. tiene que ver con los fenómenos de carga y descarga del mismo, dicha corriente será mayor cuanto mayor sea la capacidad del condensador y más rápidas sean dichas cargas y descargas, es decir la frecuencia ***f***. Si llamamos **reactancia capacitiva** ($X_C$) a la oposición que presenta el condensador a la corriente, tendremos que:

$$X_C = \frac{1}{2 \cdot \pi \cdot f \cdot C}$$

$X_C$ = *Reactancia capacitiva en ohmios*
$f$ = *Frecuencia en hertzios*
$C$ = *Capacidad del condensador en faradios*

Para calcular el valor eficaz de la corriente en un condensador aplicaremos la expresión similar a la ley de Ohm:

$$I = \frac{V}{X_C}$$

# Potencia en un condensador

Al igual que ocurre con la bobina, si se mide con un vatímetro la potencia de un condensador al conectarlo a una C.A., se puede comprobar que éste indica una potencia igual a cero.

En una condensador tampoco se produce ningún consumo de energía calorífica. Este hecho se debe a que en el primer cuarto de ciclo el condensador se carga de energía eléctrica en forma de carga electrostática, por lo que la energía fluye del generador de C.A. al condensador. En el siguiente cuarto de ciclo el condensador se descarga hacia el generador, devolviéndole la energía acumulada. Al igual que con la bobina, el condensador no consume realmente la energía, simplemente la toma prestada durante un cuarto de ciclo, para devolverla en el siguiente cuarto de ciclo. Por esta razón el vatímetro, que indica el valor medio de la potencia instantánea, indica una potencia igual a cero.

La corriente que fluye hacia el condensador sirve sólo para producir las cargas y descargas constantes del mismo. Además, aquí también aparece una potencia reactiva $\boldsymbol{Q_C}$ producida por la energía que se intercambia entre el condensador y el generador.

En un condensador: $Q_C = X_C \cdot I^2$ (VAR) (volti-amperios-reactivos)

Se puede comprobar como cuando la bobina descarga su energía eléctrica acumulada en forma de campo electromagnético, se produce el ciclo de carga del condensador. En conclusión se puede decir, que la potencia reactiva del condensador es negativa respecto a la bobina y que, por tanto sus efectos se compensan. Este aspecto habrá que tenerlo en cuenta cuando conectemos en un mismo circuito bobinas con condensadores.

# Ejemplos

**3.3** Se conecta un condensador de 75 μF una red de C.A. de 50 Hz, tal como se muestra en la Figura 3.13. Si el voltímetro indica una tensión de 220 V, averiguar las lecturas del amperímetro y el vatímetro, así como la potencia reactiva del condensador. Dibujar el diagrama vectorial.

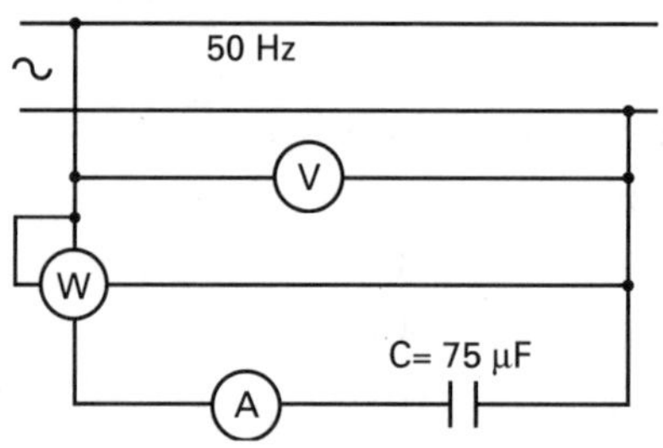


**Figura 3.13**

**Solución:** Primero determinamos la reactancia capacitiva.

$$X_C = \frac{1}{2 \cdot \pi \cdot f \cdot C} = \frac{1}{2 \cdot \pi \cdot 50 \cdot 75 \cdot 10^{-6}} = \frac{10^6}{2 \cdot \pi \cdot 50 \cdot 75} = 42,4\ \Omega$$

La intensidad de la corriente eléctrica quedará limitada por el valor de esta reactancia.

$$I = \frac{V}{X_C} = \frac{220}{42,4} = 5,2\ \text{A}$$

La lectura del amperímetro es de 5,2 A.

Con estos valores representamos el diagrama vectorial (Figura 3.14). Para ello tendremos en cuenta que el condensador produce un adelanto de 90 ° a la corriente respecto de la tensión.

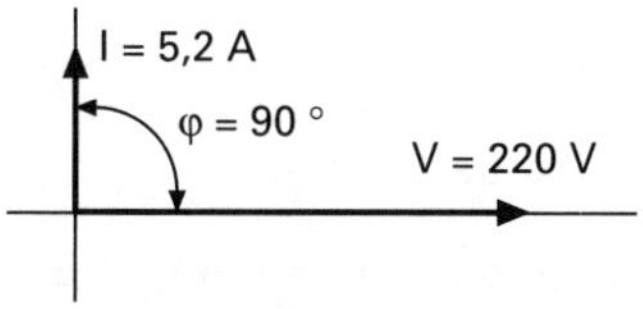


**Figura 3.14**

La potencia reactiva la calculamos con la expresión:

$$Q_C = X_C \cdot I^2 = 42,4 \cdot 5,2^2 = 1.146\ \text{VAR}$$

Como se trata de un condensador, el vatímetro indica cero vatios.

# Resúmen de Conceptos

## RESISTENCIA

Los efectos que produce una resistencia en C.A. son similares a los que se producen en C.C.

Aparece una potencia calorífica: $P = R \cdot I^2$

El valor de la corriente eficaz se calcula mediante la ley de Ohm: $I = \frac{V}{R}$

La tensión y corriente crecen y decrecen al mismo tiempo: están en fase.

## BOBINA

Cuando aplicamos C.A. a una bobina, aparece una f.e.m. de autoinducción que se opone a los cambios de corriente.

Este efecto de resistencia a la corriente eléctrica se conoce como reactancia inductiva y se calcula mediante la expresión: $X_L = 2 \cdot \pi \cdot f \cdot L$

La corriente eléctrica queda limitada por el valor de la reactancia inductiva:

$$I = \frac{V}{X_L}$$

La bobina produce un retraso de la corriente de 90 ° respecto a la tensión.

La bobina no consume energía eléctrica del generador, intercambia energía con él, dando lugar a la potencia reactiva: $Q_L = X_L \cdot I^2$

## CONDENSADOR

Cuando aplicamos C.A. a un condensador se producen constantemente cargas y descargas del mismo, dando lugar a una corriente por el circuito

La corriente queda limitada por la reactancia capacitiva:

$$X_C = \frac{1}{2 \cdot \pi \cdot f \cdot C} \qquad I = \frac{V}{X_C}$$

El condensador provoca un adelanto de la corriente de 90 ° respecto a la tensión.

El condensador no consume energía del generador, simplemente se carga en 1/4 de ciclo y se descarga en el siguiente, produciendo una potencia reactiva igual a: $Q_C = X_C \cdot I^2$

# Actividades

Indica las respuestas correctas a las siguientes cuestiones.

**3.1.** De los componentes que a continuación se exponen cuál de ellos produce un adelanto de 90 ° a la corriente respecto de la tensión.

**a.** ❑ Una bobina.

**b.** ❑ Un condensador.

**c.** ❑ Una resistencia.

**3.2.** Las bobinas y condensadores no consumen realmente energía eléctrica. ¿Cómo se denomina a la potencia eléctrica que intercambian con el generador?

**a.** ❑ Potencia activa.

**b.** ❑ Potencia aparente.

**c.** ❑ Potencia reactiva.

**3.3.** Cuando se conecta una resistencia a una red de C.A. se produce un desfase entre la tensión y la corriente de:

**a.** ❑ 0 °

**b.** ❑ 90 °

**c.** ❑ 45 °

**3.4.** Las características eléctricas de una plancha eléctrica son: $R = 50\ \Omega$, $V = 220$ V, $f = 50$ Hz. Calcular la intensidad, la potencia y la energía consumida por ella en 8 horas.

**Resultado:** $I = 4{,}4$ A; $P = 968$ W; $E = 7{,}7$ KWh

**3.5.** Una bobina pura posee un coeficiente de autoinducción de 0,4 H. Se la conecta a una red de C.A. de 380 V y 60 Hz. Calcular la reactancia inductiva, la intensidad, la potencia reactiva y la energía consumida en 8 horas.

**Resultado:** $X_L = 150{,}8\ \Omega$; $I = 2{,}5$ A; $Q_L = 943$ VAR; $E = 0$ KWh

**3.6.** Se conecta un condensador de 200 µF a un alternador de 100 Hz y 50 V. Determinar la intensidad de la corriente y la potencia reactiva.

**Resultado:** $I = 6{,}3$ A; $Q_C = 314$ VAR

# 4 Circuitos serie R-L-C en C.A.

## Acoplamiento en serie de bobinas y resistencias

En la práctica es difícil encontrar circuitos que sean exclusivamente inductivos, ya que para la fabricación de las bobinas se utilizan hilos metálicos conductores (normalmente de cobre) con una cierta resistencia. Este tipo de circuitos es muy común, como es el caso de los motores, circuitos de arranque en las lámparas fluorescentes, contactores, electroimanes, etc.

En la Figura 4.1 se ha representado el circuito equivalente de una bobina real, que en este caso está formado por una resistencia de valor óhmico $R$ conectada en serie con una bobina pura de reactancia $X_L$.

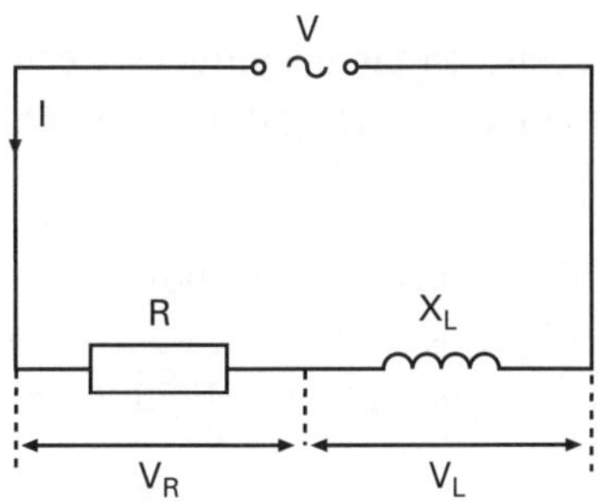


Figura 4.1

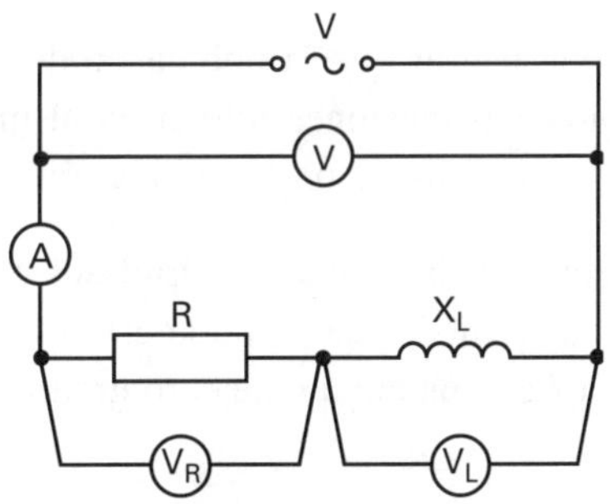


Figura 4.2

Si a este circuito le conectamos una serie de aparatos de medida, tal como se muestra en la Figura 4.2 y aplicamos una tensión alterna al conjunto se obtienen las siguientes conclusiones:

- Dado que se trata de un circuito serie, aparece una única corriente ***I*** por el circuito que queda reflejada en el amperímetro **A**. El valor de esta corriente depende de la combinación de los valores de ***R*** y $X_L$, de tal forma que, cuanto mayores sean éstos, menor es la corriente.

  La combinación de los efectos limitadores de la corriente producidos por la resistencia y la bobina se le conoce por el nombre de **impedancia** y se representa por la letra **Z**.

  Para determinar el valor de la corriente en el circuito ahora aplicamos la ley de Ohm de esta manera:

$$I = \frac{V}{Z}$$

- Los voltímetros $V_R$ y $V_L$ nos indican respectivamente las tensiones que aparecen en la resistencia y la bobina. Se puede comprobar experimentalmente como en ambos casos se cumple la ley de Ohm para corriente alterna, de lo que se deduce que:

$$V_R = R \cdot I \qquad\qquad V_L = X_L \cdot I$$

Dado que se trata de un circuito serie, cabría pensar que la lectura del voltímetro *V* que indica la tensión total aplicada tendría que ser la suma de las lecturas de los voltímetros $V_R + V_L$. Al hacer la experiencia comprobamos que esta relación no se cumple. ¿Cuál es la explicación?

En realidad sí que se cumple que la tensión total aplicada al circuito es igual a la suma de la tensiones que aparecen en la resistencia y la bobina, pero de forma vectorial:

$$\vec{V} = \vec{V}_R + \vec{V}_L$$

Hay que pensar que la bobina produce un desfase en las magnitudes eléctricas que hace que estas tensiones no varíen al mismo tiempo, por lo que para sumarlas habrá que conocer su situación en el diagrama vectorial.

Para que el diagrama vectorial sea más fácil de interpretar vamos a tomar como referencia la intensidad, ya que ésta es común a los dos receptores. Para ello situamos el vector ***I*** con un ángulo de cero grados, tal como se muestra en la Figura 4.3.

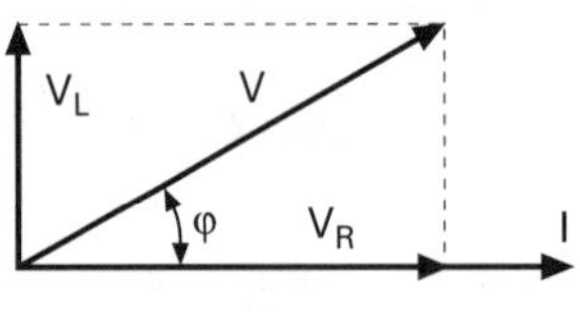


**Figura 4.3**

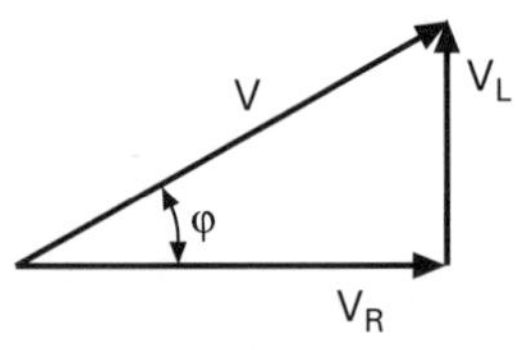


**Figura 4.4**

 

Dado que la resistencia óhmica no provoca ningún tipo de desfase, dibujamos en el diagrama vectorial la caída de tensión $V_R$ en fase con la intensidad de corriente.

Una bobina provoca un retraso de 90 ° de la corriente respecto de la tensión. Como hemos dibujado a la corriente en el ángulo cero, habrá que situar el vector de la tensión en la bobina $V_L$ adelantado respecto a la misma un ángulo de 90 °.

Una vez situados correctamente en el diagrama los vectores de tensión, la tensión del conjunto $V$ la obtenemos haciendo la suma vectorial de $V_R$ y $V_L$. Si se observa el resultado obtenido podemos comprobar como la tensión $V$ queda adelantada un ángulo φ respecto de la corriente.

Dicho de otra manera, en un circuito R-L la corriente queda retrasada un ángulo φ respecto de la tensión, que ya no es 90 ° como en el caso de la bobina pura. El valor de este ángulo dependerá de los valores de la resistencia respecto de la bobina. Así, por ejemplo, si en un circuito es mucho mayor la resistencia que la reactancia de la bobina este ángulo será pequeño. Al contrario, si predomina la reactancia inductiva sobre la resistencia el ángulo alcanzará valores próximos a los 90 °.

- **Triángulo de tensiones**. Observando el diagrama vectorial de la Figura 4.3 detectamos que los vectores de las tensiones forman un triángulo rectángulo, donde $V$ es la hipotenusa y $V_R$ y $V_L$ los catetos, tal como se muestra en la Figura 4.4. Si aplicamos el teorema de Pitágoras a este triángulo podemos obtener la siguiente relación:

$$V = \sqrt{V_R^2 + V_L^2}$$

- **Triángulo de impedancias.** Vamos a expresar en el triángulo de tensiones las relaciones de la ley de Ohm, tal como se muestra en la Figura 4.5. Si ahora dividimos cada uno de los lados de este triángulo entre la intensidad $I$, común a todo ellos, obtendremos el triángulo de impedancias que se muestra en la Figura 4.6.

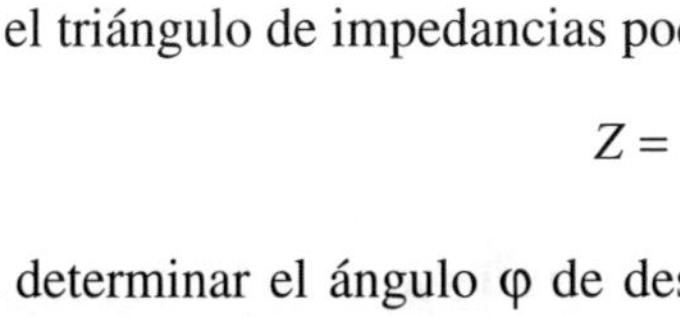


**Figura 4.5**

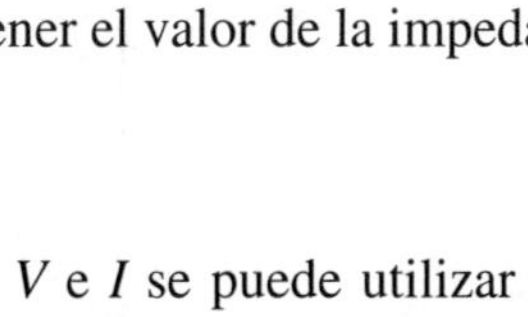


**Figura 4.6**

Con el triángulo de impedancias podemos obtener el valor de la impedancia $Z$:

$$Z = \sqrt{R^2 + X_L^2}$$

Para determinar el ángulo φ de desfase entre $V$ e $I$ se puede utilizar la relación trigonométrica de la tangente:

$$\text{tg}\ \varphi = \frac{X_L}{R}$$

Una vez obtenida la tangente, mediante unas tablas trigonométricas o una calculadora científica, se determina el ángulo que le corresponde.

# Ejemplos

**4.1** El circuito equivalente de la bobina de un contactor es el que se representa en la Figura 4.7. El circuito consta de una resistencia de 20 ohmios y de una bobina pura con un coeficiente de autoinducción de 50 milihenrios. Se trata de averiguar los valores de $Z$, $I$, $\varphi$, $V_R$ y $V_L$ si aplicamos una tensión senoidal de 125 voltios y 50 hertzios. Dibujar el diagrama vectorial de $V$ e $I$.

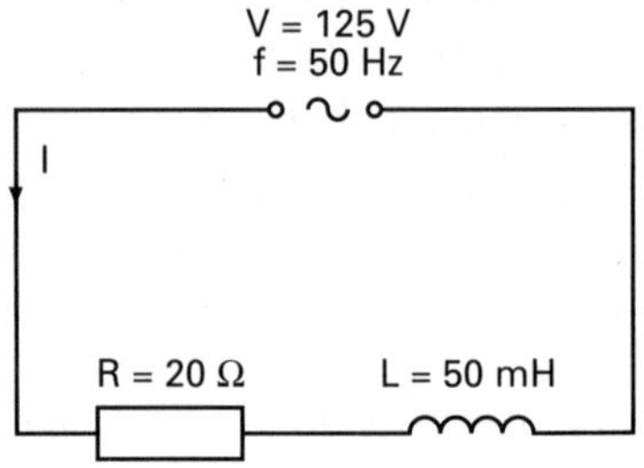


**Figura 4.7**

**Solución:** $X_L = 2 \cdot \pi \cdot f \cdot L = 2 \cdot \pi \cdot 50 \cdot 0{,}05 = 15{,}7\ \Omega$

$$Z = \sqrt{R^2 + X_L^2} = \sqrt{20^2 + 15{,}7^2} = 25{,}4\ \Omega$$

$$I = \frac{V}{Z} = \frac{125}{25{,}4} = 4{,}9\ \text{A}$$

$$V_R = R \cdot I = 20 \cdot 4{,}9 = 98\ \text{V}$$

$$V_L = X_L \cdot I = 15{,}7 \cdot 4{,}9 = 76{,}9\ \text{V}$$

$\text{tg}\ \varphi = \dfrac{X_L}{R} = \dfrac{15{,}7}{20} = 0{,}79$, que le corresponde un ángulo $\varphi$ de 38 °

El ángulo de desfase es de 38 ° de retraso de la corriente respecto de la tensión, tal como se ha representado en el diagrama vectorial correspondiente en la Figura 4.8.

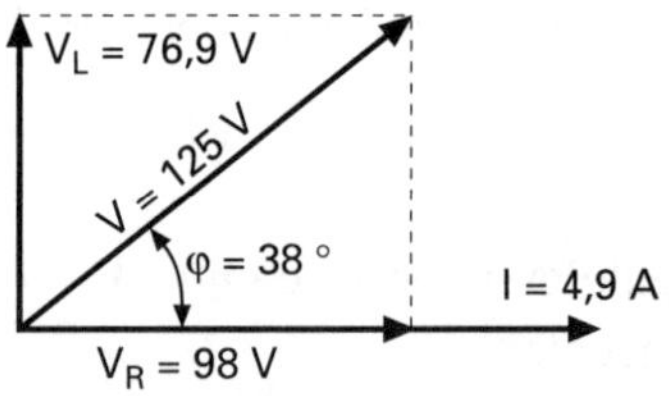


**Figura 4.8**

# Potencia en un circuito R-L

En un circuito con resistencia y bobina se puede observar como existe un consumo de energía eléctrica que se transforma en calor a causa de la resistencia *R*. Por otro lado, en la bobina se producen constantes cargas y descargas de energía en forma de campo electromagnético. Esto da lugar a que en el mismo circuito coexisten diferentes tipos de potencias:

- **Potencia activa**: Este tipo de potencia es el que se transforma en calor en la resistencia. Se puede decir que es la única potencia que realmente se consume en el circuito y, por tanto, es la que debe aportar el generador al mismo.

  Esta potencia es la que miden los vatímetros y en una resistencia se puede calcular mediante la siguiente expresión:

  $$P = R \cdot I^2$$

  Su unidad de medida es el vatio (W). Para calcular la potencia activa de cualquier circuito podemos utilizar la siguiente expresión:

  $$P = V \cdot I \cdot \cos \varphi$$

- **Potencia reactiva**: Es la potencia con la que se carga y descarga constantemente la bobina. Realmente es una potencia que no se consume, únicamente se intercambia entre el generador y la bobina, haciendo fluir una corriente extra por los conductores de alimentación. En una bobina la potencia reactiva se calcula mediante la expresión:

  $$Q_L = X_L \cdot I^2$$

  Su unidad de medida es el volti-amperio-reactivo (VAR.) Para calcular la potencia reactiva de cualquier circuito utilizamos la expresión:

  $$Q_L = V \cdot I \cdot \text{sen } \varphi$$

- **Potencia aparente:** Es la potencia total que transportan los conductores que alimentan al circuito. Dado que en un circuito R-L existe potencia activa y reactiva, por los conductores que alimentan a dicho circuito se transportan ambas potencias. Si sumamos vectorialmente estas potencias obtendremos la potencia aparente.

  Se suele representar por la letra ***S*** y su unidad de medida el volti-amperio (VA). Para calcular la potencia aparente de cualquier circuito utilizamos la expresión:

  $$S = V \cdot I$$

- **Triángulo de potencias:** Al igual que hacíamos con las tensiones e impedancias, también se puede construir un triángulo que relacione las tres potencias que se dan en un circuito de C.A. Si partimos, por ejemplo, del triángulo de impedancias

(Figura 4.9 a) y multiplicamos a los vectores del mismo por $I^2$ (Figura 4.9 b) obtendremos el triángulo de potencias de la Figura 4.9 c.

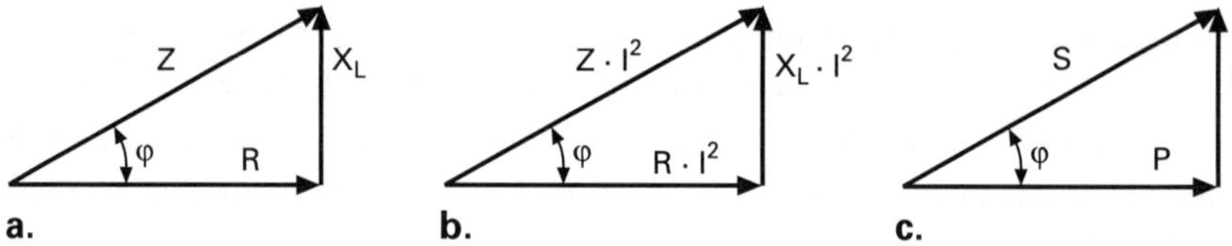


**Figura 4.9**

Del triángulo de potencias se deduce que la potencia aparente también es igual a

$$S = \sqrt{P^2 + Q^2}$$

- **Factor de potencia (FP):** Este valor nos indica la relación que existe entre la potencia activa y la aparente:

$$FP = \frac{P}{S} = \cos \varphi$$

Si observamos el triángulo de potencias, comprobamos que el factor de potencia coincide con el valor del coseno de φ.

De alguna manera el factor de potencia o coseno de φ (ángulo de desfase entre $V$ e $I$) nos indica la cantidad de potencia activa que existe en un circuito respecto a la potencia total aparente.

# Ejemplos

**4.2** Se conectan en serie una bobina de reactancia inductiva igual a 20 ohmios con una resistencia de 40 ohmios a una tensión de 100 V. Averiguar la potencia activa, reactiva y aparente del circuito, así como el factor de potencia. Dibujar el triángulo de potencias y valorar el significado del FP obtenido.

**Solución:** Con la ayuda del triángulo de impedancias (véase Figura 4.10) averiguamos la impedancia del circuito, el cos φ y el ángulo φ de desfase entre $V$ e $I$.

$$Z = \sqrt{R^2 + X_L^2} = \sqrt{40^2 + 20^2} = 44,7\ \Omega$$

$$\cos \varphi = \frac{R}{Z} = \frac{40}{44,7} = 0,89$$

Le corresponde un ángulo $\varphi = 27\ ^\circ$

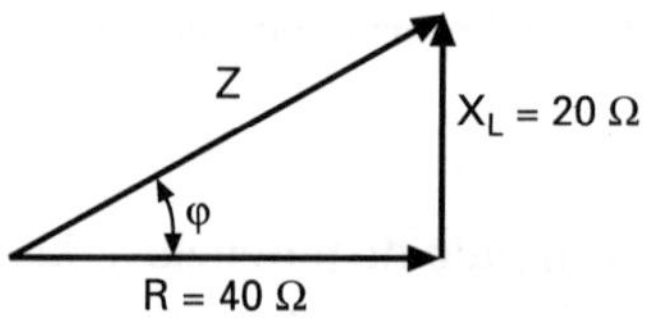


**Figura 4.10**

 

Ahora ya podemos calcular la intensidad del circuito:

$$I = \frac{V}{Z} = \frac{100}{44,7} = 2,2\ \text{A}$$

Las diferentes potencias del circuito son:

$P = V \cdot I \cdot \cos \varphi = 100 \cdot 2,2 \cdot 0,89 = 196\ \text{W}$

$Q = V \cdot I \cdot \text{sen}\ \varphi = 100 \cdot 2,2 \cdot \text{sen} \cdot 27\,° = 100\ \text{VAR}$

$S = V \cdot I = 100 \cdot 2,2 = 220\ \text{VA}$

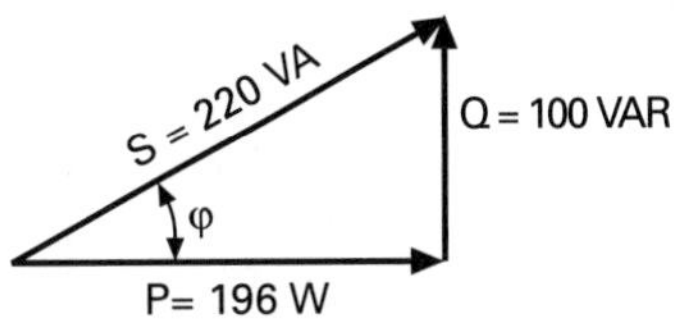

**Figura 4.11**

En la Figura 4.11 se ha dibujado el triángulo de potencias correspondiente. El factor de potencia resultante es 0,89, valor que está más próximo a la unidad que al cero. Esto nos indica que en el circuito predomina la potencia activa frente a la reactiva. Otra interpretación podría ser la siguiente: de cada 100 unidades de potencia aparente, 89 son de potencia activa.

**4.3** Las características de una lámpara fluorescente son las siguientes: $P = 40$ W, $V = 220$ V, $\cos \varphi = 0,6$. Determinar la intensidad, la potencia reactiva y aparente y el circuito equivalente

**Solución:** Para el cálculo de la intensidad nos valemos de la fórmula general de potencia activa:

$$P = V \cdot I \cdot \cos \varphi \Rightarrow I = \frac{P}{V \cdot \cos \varphi} = \frac{40}{220 \cdot 0,6} = 0,3\ \text{A}$$

El ángulo $\varphi$ que le corresponde al factor de potencia de 0,6 es igual a 53 °.

Con estos datos ya podemos calcular la potencia reactiva y aparente de la lámpara.

$$Q = V \cdot I \cdot \text{sen}\ \varphi = 220 \cdot 0,3 \cdot \text{sen} \cdot 53\,° = 53\ \text{VAR}$$

$$S = V \cdot I = 220 \cdot 0,3 = 66\ \text{VA}$$

El circuito equivalente de una lámpara fluorescente se puede dibujar como una reactancia inductiva y una resistencia en serie (Figura 4.12). Para determinar los valores de $R$ y $X_L$, utilizamos las fórmulas ya conocidas:

$$P = R \cdot I^2 \Rightarrow R = \frac{P}{I^2} = \frac{40}{0,3^2} = 444\ \Omega$$

$$Q_L = X_L \cdot I^2 \Rightarrow X_L = \frac{Q_L}{I^2} = \frac{53}{0,3^2} = 589\ \Omega$$

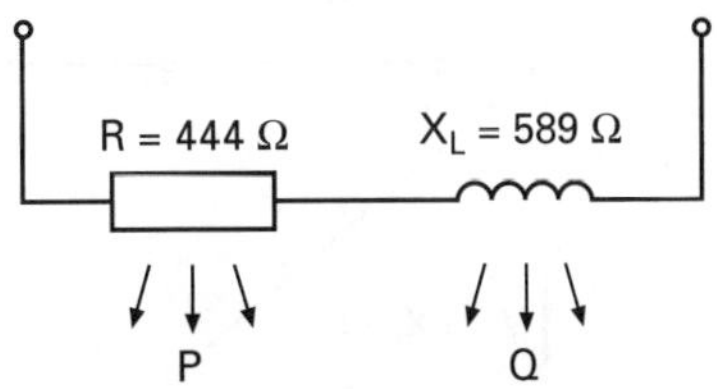

**Figura 4.12**

# Acoplamiento en serie de resistencias y condensadores

En la Figura 4.13 se ha representado el circuito formado por una resistencia de valor óhmico ***R*** conectada en serie con un condensador de reactancia $X_C$.

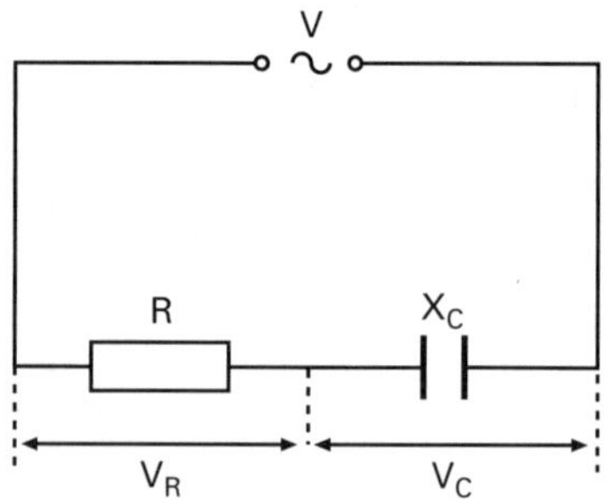


**Figura 4.13**

Al igual que ocurría con el circuito R-L, aquí aparece una sola corriente eléctrica ***I*** que queda limitada por la impedancia del circuito **Z**.

$$I = \frac{V}{Z}$$

En la resistencia aparece una caída de tensión $V_R$ y en el condensador $V_C$:

$$V_R = R \cdot I \qquad\qquad V_C = X_C \cdot I$$

Aquí también se cumple que la tensión total aplicada al circuito es igual a la suma vectorial de las caídas de tensión que se dan en la resistencia y el condensador:

$$\vec{V} = \vec{V}_R + \vec{V}_C$$

Para dibujar el diagrama vectorial (véase Figura 4.14) de estas magnitudes eléctricas tenemos en cuenta que la caída de tensión $V_R$ queda en fase con la intensidad. Por otro lado, el condensador provoca un adelanto de 90 ° de la corriente respecto de la tensión. Como hemos dibujado a la corriente en el ángulo cero, habrá que situar el vector de la tensión $V_C$ del condensador retrasado respecto a la corriente un ángulo de 90 °.

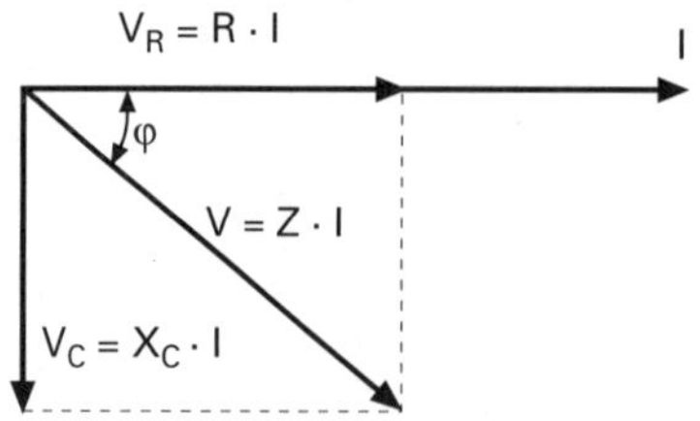


**Figura 4.14**

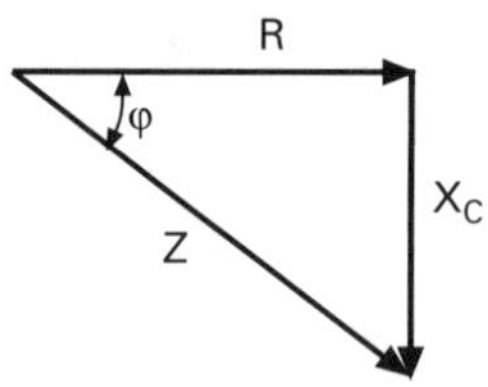


**Figura 4.15**

 

En el diagrama vectorial observamos que la corriente $I$ queda adelantada un ángulo φ respecto de la tensión.

De este diagrama vectorial se deduce el triángulo de impedancia de la Figura 4.15. Con él ya podemos determinar el valor de la impedancia y el del ángulo de desfase por cualquiera de las relaciones trigonométricas.

$$\operatorname{tg} \varphi = \frac{X_C}{R} \qquad\qquad Z = \sqrt{R^2 + X_C^2}$$

En cuanto a las potencias que se dan en el circuito, indicar que en la resistencia se produce potencia activa que se transforma en calor. Por otro lado, en el condensador aparece una potencia reactiva provocada por las constantes cargas y descargas del mismo. Al dibujar el triángulo de potencias (Figura 4.16) observamos que la potencia reactiva $Q_C$ queda invertida, lo que nos indica que ésta posee un valor negativo respecto a la potencia reactiva que producen la bobinas.

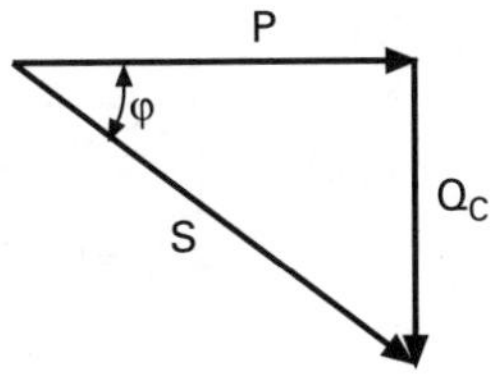


**Figura 4.16**

# Ejemplos

**4.4** En el circuito de la Figura 4.17 se muestra un circuito serie R-C . Averiguar la lectura de los aparatos de medida, así como la intensidad de la corriente, potencia reactiva, potencia aparente y el factor de potencia. Dibujar el diagrama vectorial correspondiente.

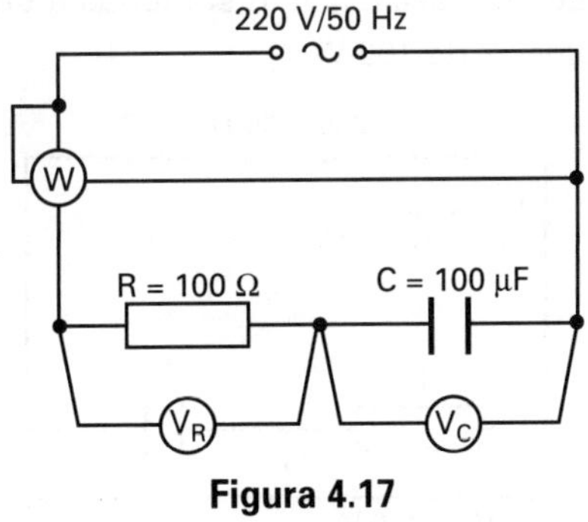


**Figura 4.17**

**Solución:** $X_C = \dfrac{1}{2 \cdot \pi \cdot f \cdot C} = \dfrac{10^6}{2 \cdot \pi \cdot 50 \cdot 100} = 31,8\ \Omega$

$$Z = \sqrt{R^2 + X_C^2} = \sqrt{100^2 + 31,8^2} = 105\ \Omega$$

$$I = \frac{V}{Z} = \frac{220}{105} = 2,1\ \text{A}$$

$$V_R = R \cdot I = 100 \cdot 2,1 = 210\ \text{V}$$

$$V_C = X_C \cdot I = 31,8 \cdot 2,1 = 67\ \text{V}$$

$$\text{tg}\ \varphi = \frac{X_C}{R} = \frac{31,8}{100} = 0,32$$

Le corresponde un ángulo $\varphi = 17,7\ °$

$$P = V \cdot I \cdot \cos\varphi = 220 \cdot 2,1 \cdot \cos 17,7\ ° = 440\ \text{W}$$

$$Q = V \cdot I \cdot \text{sen}\ \varphi = 220 \cdot 2,1 \cdot \text{sen}\ 17,7\ ° = 140\ \text{VAR}$$

$$S = V \cdot I = 220 \cdot 2,1 = 462\ \text{VA}$$

$$FP = \cos\varphi = \frac{P}{S} = \frac{440}{462} = 0,95$$

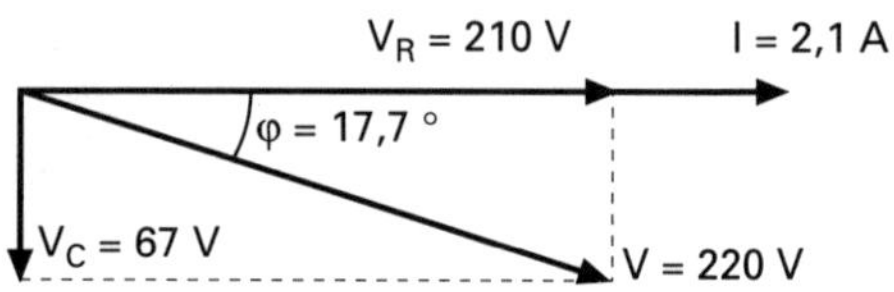


**Figura 4.18**

El ángulo de desfase es de 17,7 ° de adelanto de la corriente respecto de la tensión, tal como se muestra en diagrama vectorial de la Figura 4.18.

**4.5** Para evitar que un pequeño soldador para circuitos impresos de 125 V/100 W se funda al conectarlo a una red de C.A. de 220 V/50 Hz, se le conecta en serie un condensador. Determinar las características de dicho condensador.

**Solución:** Para hacernos una idea de cómo resolver este problema, primero dibujamos el circuito (véase Figura 4.19). Para ello tenemos en cuenta que el soldador consta de una resistencia R sometida a una tensión de 125 V y que desarrolla una potencia de 100 W.

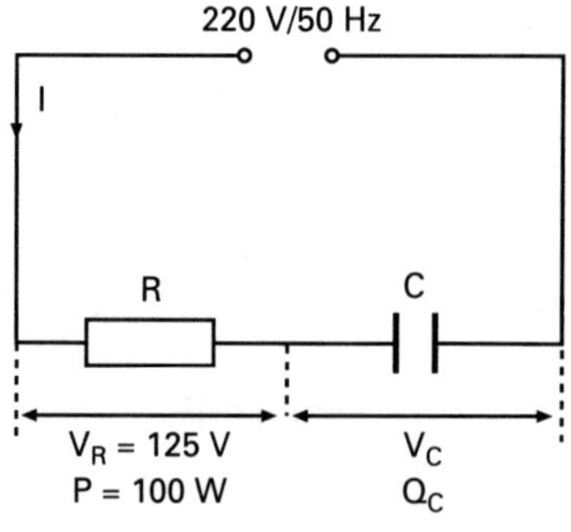


**Figura 4.19**

Con la ayuda del triángulo de tensiones (Figura 4.20) podemos averiguar el factor de potencia y la tensión $V_C$ que aparece en el condensador.

$$\cos \varphi = \frac{V_R}{V} = \frac{125}{220} = 0,57$$

$$V_C = \sqrt{V^2 - V_R^2} = \sqrt{220^2 - 125^2} = 181 \text{ V}$$

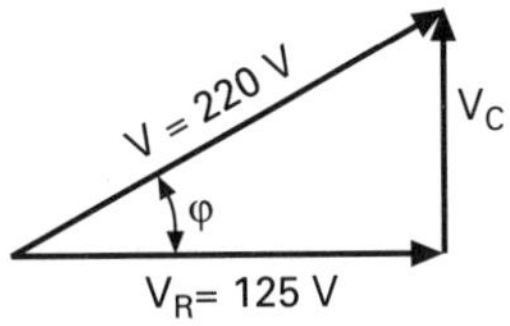


**Figura 4.20**

Con estos datos ya podemos averiguar la corriente eléctrica:

$$P = V \cdot I \cdot \cos \varphi \Rightarrow I = \frac{P}{V \cdot \cos \varphi} = \frac{100}{220 \cdot 0,57} = 0,8 \text{ A}$$

Aplicamos la ley de Ohm al condensador para determinar su reactancia capacitiva:

$$X_C = \frac{V_C}{I} = \frac{181}{0,8} = 226 \ \Omega$$

$$X_C = \frac{1}{2 \cdot \pi \cdot f \cdot C} \Rightarrow C = \frac{1}{2 \cdot \pi \cdot f \cdot X_C} = \frac{10^6}{2 \cdot \pi \cdot 50 \cdot 226} = 14 \ \mu\text{F}$$

Las características del condensador son de 14 μF/181 V.

Como el condensador no consume potencia activa, el rendimiento alcanzado por este método para provocar una caída de tensión en un elemento resistivo es infinitamente mayor que si hubiésemos colocado una resistencia en serie con el soldador.

# Circuito serie R-L-C

En la Figura 4.21 hemos conectado en serie una resistencia ***R***, una bobina con una reactancia inductiva $X_L$ y un condensador con una reactancia capacitiva $X_C$. En la Figura 4.22 se ha dibujado el diagrama vectorial correspondiente a este circuito. Al situar en el diagrama las caídas de tensión en la bobina y condensador ($V_L$ y $V_C$) se observa que éstas quedan en oposición, por lo que la suma vectorial de estas tensiones se convierte en una resta aritmética. De este diagrama se obtiene el triángulo de impedancias de la Figura 4.23, donde se observa que las reactancias de la bobina y condensador quedan también en oposción

$$V_R = R \cdot I \qquad V_L = X_L \cdot I \qquad V_C = X_C \cdot I$$

$$\vec{V} = \vec{V}_R + \vec{V}_L + \vec{V}_C$$

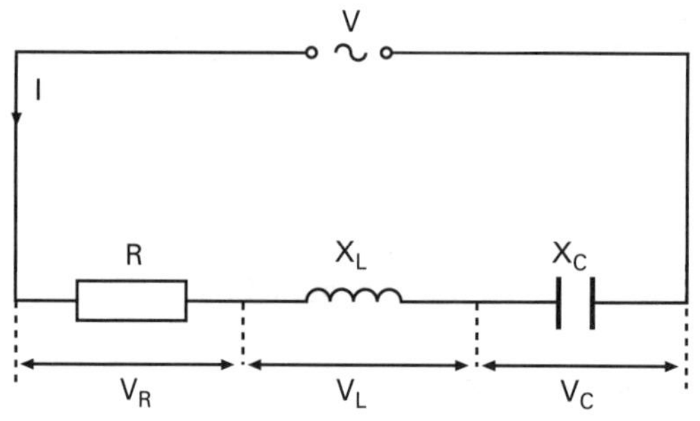


**Figura 4.21**

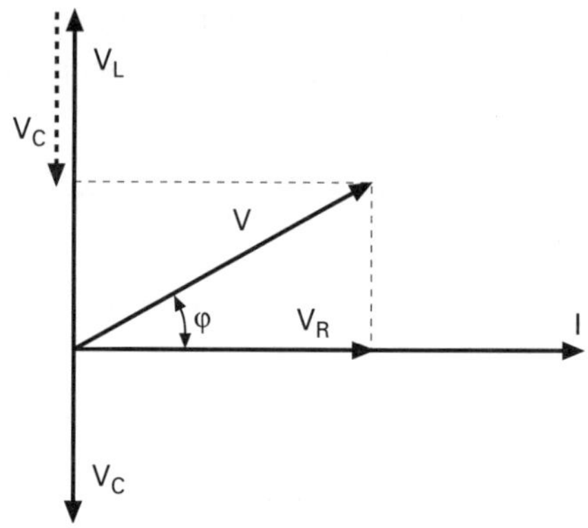


**Figura 4.22**

Para construir el triángulo de impedancias de la Figura 4.23 se ha supuesto que la reactancia inductiva $X_L$ es más grande que la reactancia $X_C$ del condensador. Al obtener la impedancia $Z$ del circuito observamos que los efectos que pudiera provocar la reactancia del condensador quedan compensados por la reactancia de la bobina. El resultado es que el circuito se comporta como si únicamente tuviese una bobina de reactancia igual a ($X_L$ - $X_C$). Del triángulo de impedancias se deduce que:

$$Z = \sqrt{R^2 + (X_L - X_C)^2}$$

Una vez obtenida la impedancia ya se puede calcular la intensidad de la corriente eléctrica:

$$I = \frac{V}{Z}$$

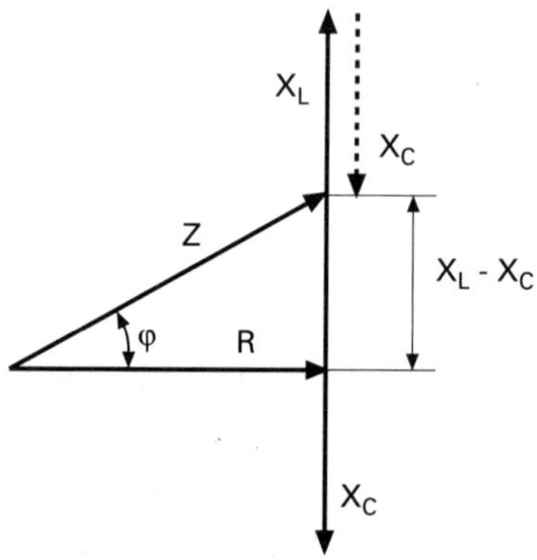


**Figura 4.23**

Al predominar, en este caso, la reactancia inductiva sobre la capacitiva, se produce un ángulo de retraso φ de la corriente respecto de la tensión. Para calcular este ángulo nos valemos del triángulo de impedancias al que aplicamos cualquiera de las funciones trigonométricas conocidas.

$$\text{tg}\ \varphi = \frac{X_L - X_C}{R}$$

 

Las potencias se pueden calcular por las fórmulas ya conocidas. Aquí es importante observar que cuando la bobina se descarga de potencia reactiva, parte de la misma sirve para la carga del condensador. En el siguiente cuarto de ciclo, el condensador devuelve esta potencia reactiva a la bobina. Si tuviésemos que dibujar el triángulo de potencias, situaríamos la potencia reactiva del condensador $Q_C$ en oposición con la de la bobina $Q_L$. De tal forma que su efectos queden compensados, tal como se muestra en la Figura 4.24.

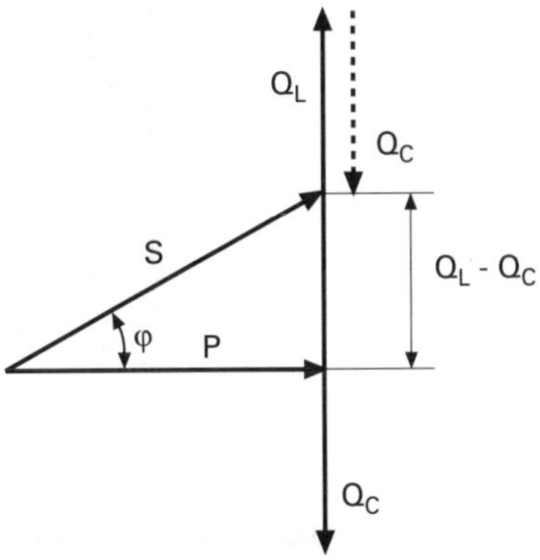


**Figura 4.24**

# Ejemplos

**4.7** Averiguar los valores de $Z$, $I$, $V_R$, $V_L$, $V_C$, $P$, $Q$, $S$ y el factor de potencia del circuito serie R-L-C de la Figura 4.25. Dibujar el diagrama vectorial.

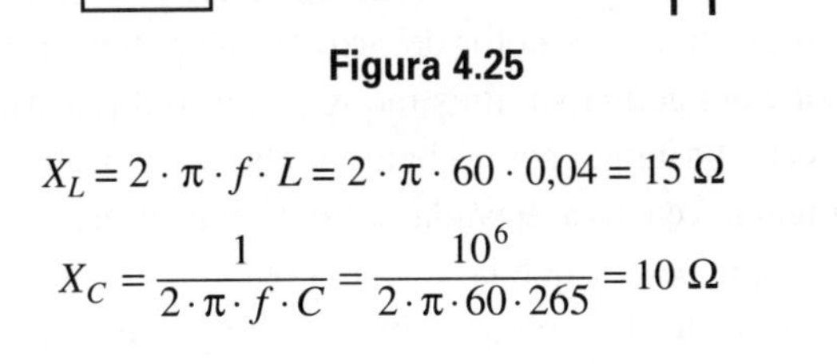


**Figura 4.25**

**Solución:** $X_L = 2 \cdot \pi \cdot f \cdot L = 2 \cdot \pi \cdot 60 \cdot 0{,}04 = 15\ \Omega$

$$X_C = \frac{1}{2 \cdot \pi \cdot f \cdot C} = \frac{10^6}{2 \cdot \pi \cdot 60 \cdot 265} = 10\ \Omega$$

$$Z = \sqrt{R^2 + (X_L - X_C)^2} = \sqrt{10^2 + (15-10)^2} = 11\ \Omega$$

$$I = \frac{V}{Z} = \frac{110}{11} = 10\ \text{A}$$

$V_R = R \cdot I = 10 \cdot 10 = 100$ V

$V_L = X_L \cdot I = 15 \cdot 10 = 150$ V

$V_C = X_C \cdot I = 10 \cdot 10 = 100$ V

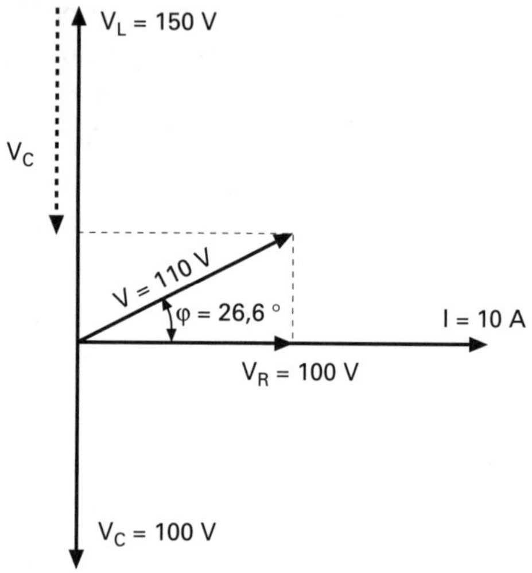


**Figura 4.26**

$\text{tg}\ \varphi = \frac{X_L - X_C}{R} = \frac{15-10}{10} = 0,5$ le corresponde un ángulo $\varphi = 26{,}6\ °$

$P = V \cdot I \cdot \cos \varphi = 110 \cdot 10 \cdot \cos \cdot 26{,}6\ ° = 984$ W

$Q = V \cdot I \cdot \text{sen}\ \varphi = 110 \cdot 10 \cdot \text{sen} \cdot 26{,}6\ ° = 493$ VAR

$S = V \cdot I = 110 \cdot 10 = 1.100$ VA

En la Figura 4.26 se muestra el diagrama vectorial correspondiente al circuito. Aquí se observa que la corriente queda retrasada un ángulo de 26,6 ° respecto a la tensión, hecho que nos indica que el circuito es predominantemente inductivo.

# Importancia práctica del cos φ

Pongamos como ejemplo un motor monofásico de 1.000 W a 220 V con un cos φ = 0,6. Estos datos nos indican que el motor desarrolla una potencia mecánica equivalente a los 1.000 W de potencia activa suministrados por la red eléctrica. Por otro lado, el factor de potencia está bastante por debajo de la unidad, lo que nos muestra la presencia de una potencia reactiva elevada causada por el efecto de la autoinducción de los bobinados. Hay que pensar que la potencia reactiva nos se transforma en trabajo útil en el motor, simplemente sirve para generar el campo electromagnético, para luego ser devuelta al generador. Este trasiego de energía reactiva del generador al motor y viceversa, hace que la compañía suministradora de energía eléctrica tenga que proporcionar una potencia aparente por la red eléctrica muy superior a la que realmente se consume. En consecuencia, se produce un aumento de corriente por los conductores de la línea que repercute directamente en los costos de las instalaciones eléctricas propiedad de las compañías.

En nuestro ejemplo (Figura 4.27):

$$S = \frac{P}{\cos\varphi} = \frac{1.000}{0,6} = 1.667 \text{ VA}$$

$$Q = S \cdot \text{sen } \varphi = 1.667 \cdot 0,8 = 1.334 \text{ VAR}$$

$$I = \frac{P}{V \cdot \cos\varphi} = \frac{1.000}{220 \cdot 0,6} = 7,6 \text{ A}$$

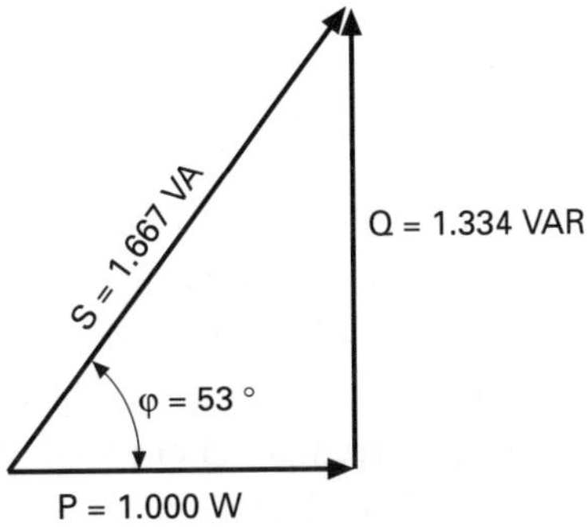


**Figura 4.27**

De los datos obtenidos se deduce que el motor produce un consumo de 1.000 W, pero necesita de un suministro de 1.667 VA por la línea para funcionar.

Si por algún método consiguiésemos mejorar el factor de potencia hasta, por ejemplo, 0,95 obtendríamos los siguientes valores (Figura 4.28):

$$S = \frac{P}{\cos\varphi} = \frac{1.000}{0,95} = 1.053 \text{ VA}$$

$$Q = S \cdot \text{sen } \varphi = 1.053 \cdot 0,31 = 326 \text{ VAR}$$

$$I = \frac{P}{V \cdot \cos\varphi} = \frac{1.000}{220 \cdot 0,95} = 4,8 \text{ A}$$

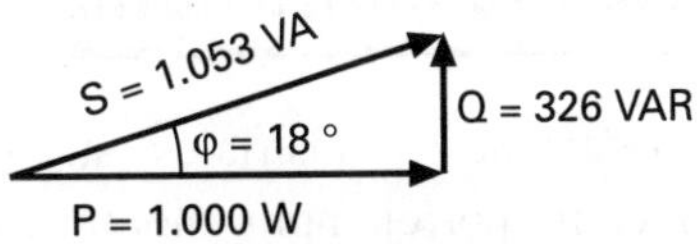


**Figura 4.28**

De lo que se deduce que al acercar el factor de potencia a la unidad obtenemos una reducción de corriente considerable, así como de la potencia aparente y reactiva.

Para contrarrestar el consumo excesivo de potencia reactiva de carácter inductivo y así reducir también la potencia aparente y la corriente por la línea se instalan condensadores conectados en paralelo con los receptores, tal como se muestra en la Figura 4.29.

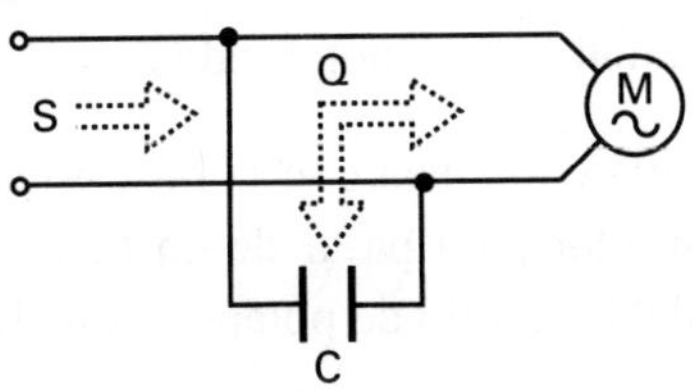


**Figura 4.29**

Los condensadores compensan parte de la potencia reactiva de las bobinas. Hay que pensar que en el instante en que las bobinas descargan su energía reactiva, los condensadores se cargan con la misma. En el siguiente cuarto de ciclo, los condensadores devuelven esta energía acumulada a las bobinas para que puedan desarrollar los campos electromagnéticos. De esta forma se evita que parte de la energía reactiva de las bobinas tenga que fluir constantemente por los conductores de la línea, desde el generador hasta las mismas y viceversa.

Las compañías eléctricas no facturan la energía reactiva, pero exige que los consumidores trabajen con un factor de potencia cercano a la unidad (entorno a cos $\varphi = 0{,}9$). Para ello disponen de equipos de medida para determinar el *FP* medio utilizado durante el período de facturación. Dado que la energía reactiva no se cobra, lo que se hace es aplicar un recargo en el precio de KWh consumido a los clientes que trabajen con un *FP* por debajo del recomendado.

En resumen, con la mejora del FP se consigue reducir la potencia aparente de la red sin modificar la potencia activa, lo que trae consigo una reducción de la intensidad de corriente por la línea de suministro de energía. Ello aporta considerables ventajas, como son: reducción de la sección de los conductores en la línea, reducción de la caída de tensión, y reducción de las pérdidas de potencia en los conductores.

## Corrección del factor de potencia mediante condensadores

Las instalaciones industriales suelen utilizar normalmente receptores de tipo inductivo, como por ejemplo, motores, lámparas de descarga (fluorescentes, vapor de mercurio, vapor de sodio, etc), transformadores, electroimanes, etc. Para compensar la energía reactiva producidas por estos elementos utilizaremos un condensador o varios acoplados en batería de tal forma que el coseno de $\varphi$ final obtenido sea próximo a la unidad.

Para el cálculo de la potencia reactiva de estos condensadores o de su capacidad vamos a utilizar el siguiente ejemplo. Se trata de mejorar el factor de potencia de un motor monofásico de 1.000 W/220 V con un factor de potencia de 0,6 hasta conseguir un factor de potencia de 0,95. Para ello conectamos un condensador de potencia reactiva $Q_C$ y capacidad $C$ en paralelo con el motor, tal como se muestra en la Figura 4.29.

La solución de este problema comienza con la búsqueda de la potencia reactiva $Q_C$ que deberá poseer el condensador para pasar de un factor de potencia de 0,6 a 0,95. Para ello nos vamos a valer del triángulo de potencias que hemos dibujado en la Figura 4.30.

Llamamos φ al ángulo que corresponde al factor de potencia inicial de 0,6 y φ' al ángulo del factor de potencia que deseamos obtener de 0,95. $Q$ es la potencia reactiva inicial del motor, al que le tenemos que restar la potencia reactiva $Q_C$ del condensador.

Una vez mejorado el factor de potencia obtenemos una potencia reactiva reducida:

$Q' = Q - Q_C$ de donde $Q_C = Q - Q'$ **(I)**

En los dos triángulos de potencia que se obtienen se cumple que:

$\text{tg}\ \varphi = \frac{Q}{P}$ de donde: $Q = P \cdot \text{tg}\ \varphi$ **(II)**

$\text{tg}\ \varphi' = \frac{Q'}{P}$ de donde: $Q' = P \cdot \text{tg}\ \varphi'$ **(III)**

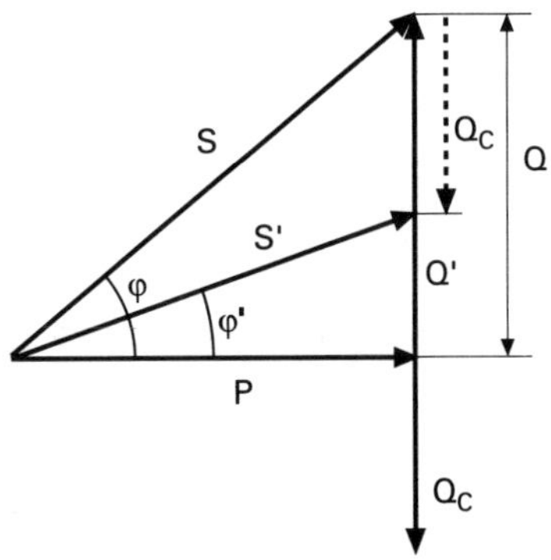


**Figura 4.30**

Sustituyendo las ecuaciones **II** y **III** en la ecuación **I** obtenemos la expresión final:

$$Q_C = P \cdot \text{tg}\ \varphi - P \cdot \text{tg}\ \varphi'$$

Calcularemos ahora la potencia reactiva que es necesario que tenga la batería de condensadores para corregir el *FP* de nuestro ejemplo:

El ángulo φ que le corresponde al cos 0,6 es 53 °

El ángulo φ' que le corresponde al cos 0,95 es 18 °

$$Q_C = P \cdot \text{tg}\ \varphi - P \cdot \text{tg}\ \varphi' = 1.000 \cdot \text{tg} \cdot 53° - 1.000 \cdot \text{tg} \cdot 18° = 1.002\ \text{VAR}$$

Para determinar la capacidad del condensador y la corriente eléctrica que le alimenta, tenemos en cuenta que el condensador está acoplado directamente a la red a una tensión de 220 V y con una potencia reactiva de 1.002 VAR, tal como se muestra en la Figura 4.31. En este caso se cumple que la potencia reactiva del condensador es igual a:

$$I_C = \frac{Q_C}{V} = \frac{1.002}{220} = 4,55\ \text{A}$$

Una vez averiguada la corriente que fluye hacia el condensador, si aplicamos la ley de Ohm para C.A. entre sus extremos podremos averiguar la reactancia capacitiva del mismo:

$$I_C = \frac{V}{X_C} \qquad \text{de donde} \qquad X_C = \frac{V}{I_C} = \frac{220}{4,55} = 48,35\ \Omega$$

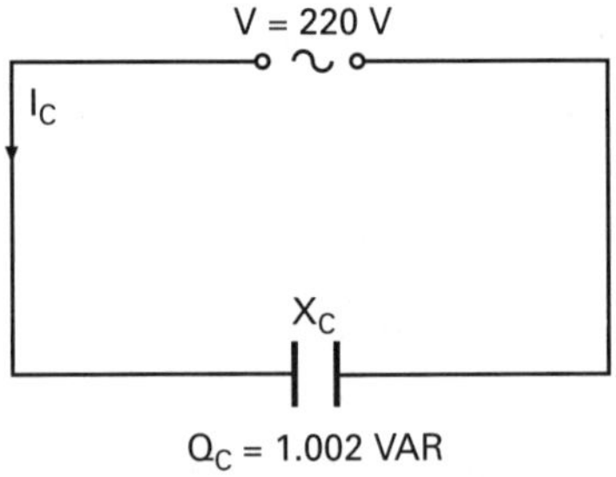


**Figura 4.31**

La capacidad correspondiente al condensador para una frecuencia de 50 Hz es igual a:

$$C = \frac{1}{2 \cdot \pi \cdot f \cdot X_C} = \frac{10^6}{2 \cdot \pi \cdot 50 \cdot 48,35} = 66\ \mu\text{F}$$

En conclusión, se necesita un condensador de 66 μF a 220 V y con una potencia reactiva de 1 KVAR. En el caso de no ser posible conseguir estas características con un solo condensador se recurre al acoplamiento de varios condensadores, dando como resultado una batería de condensadores.

# Ejemplos

**4.8** En una instalación industrial se mide un factor de potencia de 0,7. Dimensionar la batería de condensadores para mejorar el factor de potencia hasta 0,9. Los datos de dicha instalación son los siguientes: potencia instalada 15 KW, frecuencia 50 Hz, tensión entre fases 400 V. Calcular también la corriente eléctrica por la línea antes y después de mejorar el factor de potencia.

**Solución:** Primero determinamos la potencia reactiva de la batería de condensadores para corregir el factor de potencia de 0,7 a 0,9:

El ángulo φ que le corresponde al cos 0,7 es 45,6 º

El ángulo φ' que le corresponde al cos 0,9 es 25,8 º

$$Q_C = P \cdot \text{tg}\ \varphi - P \cdot \text{tg}\ \varphi' = 15.000 \cdot \text{tg} \cdot 45,6\,° - 15.000 \cdot \text{tg} \cdot 25,8\,° = 8.066\ \text{VAR}$$

Como la batería de condensadores está acoplada directamente a la red a una tensión de 400 V y con una potencia reactiva de 8.066 VAR, la corriente por la misma será igual a:

 

$$I_C = \frac{Q_C}{V} = \frac{8.066}{400} = 20 \text{ A}$$

El conocimiento del valor de esta corriente es importante para dimensionar los conductores que alimentan a la batería de condensadores, así como para la selección de las protecciones y dispositivos de control.

La reactancia capacitiva del condensador será entonces:

$$X_C = \frac{V}{I_C} = \frac{400}{20} = 20 \ \Omega$$

La capacidad correspondiente al condensador para una frecuencia de 50 Hz es igual a:

$$C = \frac{1}{2 \cdot \pi \cdot f \cdot X_C} = \frac{10^6}{2 \cdot \pi \cdot 50 \cdot 20} = 159 \ \mu\text{F}$$

Las características de la batería de condensadores son: 159 μF - 400 V - 8 KVAR.

La corriente antes de mejorar el factor de potencia es:

$$I_{\cos \varphi \,(0,7)} = \frac{P}{V \cdot \cos \varphi} = \frac{15.000}{400 \cdot 0,7} = 53,6 \text{ A}$$

La corriente después de mejorar el factor de potencia es:

$$I_{\cos \varphi \,(0,9)} = \frac{P}{V \cdot \cos \varphi'} = \frac{15.000}{400 \cdot 0,9} = 41,7 \text{ A}$$

Cuando se trata de compensar la energía reactiva de una instalación donde existen numerosos aparatos eléctricos, los cuales se activan y desactivan en función de las necesidades que se den en cada instante por el usuario, nos encontramos con un factor de potencia que varía con cada situación. En estos casos conviene instalar una batería automática de condensadores, que conectada al comienzo de la instalación consigue mantener el factor de potencia deseado aunque existan variaciones considerables del mismo. Estas baterías automáticas disponen de un dispositivo que mide en todo momento el factor de potencia total de la instalación, conectando y desconectando escalonadamente los condensadores necesarios para mantener al mismo dentro de los valores prefijados.

# Resúmen de Conceptos

Para cualquier circuito serie la **corriente eléctrica** queda limitada por la impedancia ***Z*** según la ley de Ohm para circuitos de C.A.

$$I = \frac{V}{Z}$$

Para obtener la impedancia de un circuito se utiliza el triángulo de impedancias, dando como resultado:

Para un circuito **R-L**: $Z = \sqrt{R^2 + X_L^2}$

Para un circuito **R-L-C**: $Z = \sqrt{R^2 + X_C^2}$

Para un circuito **R-L-C**: $Z = \sqrt{R^2 + \left(X_L - X_C\right)^2}$

Las **caídas de tensión** que se dan en cada uno de los elementos de un circuitos se calculan:

$$V_R = R \cdot I \qquad V_L = X_L \cdot I \qquad V_C = X_C \cdot I$$

Para determinar el **ángulo** $\varphi$ **de desfase** entre $V$ e $I$ se aplica cualquier razón trigonométrica sobre el triángulo de impedancias, como por ejemplo:

$$\text{tg } \varphi = \frac{X}{R}$$

**Potencia activa** es aquélla que produce un trabajo efectivo en el receptor. Se mide en W:

$$P = V \cdot I \cdot \cos \varphi$$

**Potencia reactiva** es aquélla que producen las bobinas y condensadores. No se transforma en trabajo efectivo en el receptor. Se mide en VAR:

$$Q = V \cdot I \cdot \text{sen } \varphi$$

**Potencia aparente** es la que tienen que transportar los conductores de línea desde el generador al receptor, es decir, la potencia total. Se mide en VA:

$$S = V \cdot I$$

El **factor de potencia** nos indica la relación existente entre la potencia activa y aparente de un receptor:

$$FP = \frac{P}{S} = \cos \varphi$$

Con la **mejora del factor de potencia** de una instalación se consigue disminuir la corriente eléctrica por los conductores de alimentación. Para calcular la potencia reactiva de los condensadores necesarios para la corrección del factor de potencia utilizamos la expresión:

$$Q_C = P \cdot \text{tg } \varphi - P \cdot \text{tg } \varphi'$$

# Actividades

**4.1.** Realiza el montaje de un circuito serie con bobinas, condensadores y resistencias. Consigue un osciloscopio y comprueba los ángulos de desfase que se produce en cada uno de los elementos, así como el desfase total entre *V* e *I*.

Indica las respuestas correctas a las siguientes cuestiones.

**4.2.** ¿Qué elementos producen potencia reactiva en un circuito de C.A.

**a.** ❑ Un horno eléctrico.

**b.** ❑ Un motor.

**c.** ❑ Un contactor.

**4.3.** La potencia aparente se mide en:

**a.** ❑ VAR.

**b.** ❑ VA.

**c.** ❑ W.

**4.4.** ¿Qué nombre se le da a la potencia que realmente se transforma en energía útil en el receptor?

**a.** ❑ Potencia activa.

**b.** ❑ Potencia aparente.

**c.** ❑ Potencia reactiva.

**4.5.** ¿Cuál es la razón por la que se eleva el factor de potencia de las instalaciones eléctricas?

**a.** ❑ Para reducir la potencia que transportan las líneas eléctricas.

**b.** ❑ Para aumentar la potencia aparente y reducir la corriente por la línea

**c.** ❑ Para reducir la potencia aparente y la corriente por la línea de alimentación.

**4.6.** Se conectan en serie una resistencia de 50 Ω y una bobina de 250 mH a una red de C.A. de 220 V, 50 Hz. Averiguar: $Z$, $I$, $\varphi$, $V_R$, $V_L$, $P$, $Q$, $S$, $FP$ y dibujar el diagrama vectorial.

**Resultado:** $Z = 93\ \Omega$; $I = 2{,}36$ A; $\varphi = 57{,}5°$; $V_R = 118$ V; $V_L = 185$ V;
$P = 279$ W; $Q = 438$; VAR; $S = 519$ VA; cos $\varphi = 0{,}54$

**4.7.** Se conectan en serie una resistencia de 10 KΩ y un condensador de 150 nF a una red de C.A. de 100 V, 60 Hz. Averiguar: *I*, $V_R$, $V_C$, *P*, *Q*, *S*, *FP* y dibujar el diagrama vectorial.

**Resultado:** $I = 4{,}9$ mA; cos φ = 0,49; $V_R = 49$ V; $V_C = 87$ V; $P = 0{,}24$ W;
Q = 0,43 VAR; $S = 0{,}49$ W

**4.8.** Se conectan en serie una resistencia de 10 Ω, un condensador de 100 μF y una bobina de 200 mH a una generador de C.A. de 220 V, 50 Hz. Averiguar: *I*, $V_R$, $V_C$, $V_L$, *P*, *Q*, *S*, *FP* y dibujar el diagrama vectorial. ¿Qué tipo de reactancia predomina en el circuito?

**Resultado:** $I = 6{,}75$ A; $V_R = 67{,}5$ V; $V_C = 215$ V; $V_L = 424$ V; $P = 459$ W;
$Q = 1.412$ VAR; $S = 1.485$ VA; cos φ = 0,31 (inductivo)

**4.9.** El motor de un montacargas posee las siguientes características: $P = 2$ KW; $V = 125$ V; $I = 22$ A. Averiguar el factor de potencia.

**Resultado:** cos φ = 0,73

**4.10**. El alumbrado de una nave industrial consiste en 20 lámparas de vapor de mercurio de 500 W cada una con un factor de potencia de 0,6 a 230 V y 50 Hz. Averiguar las características de la batería de condensadores para conseguir elevar el factor de potencia de la instalación hasta 0,95, así como la intensidad de corriente de la instalación antes y después de la corrección del factor de potencia.

**Resultado:** Características de batería: (10 KVAR; 230 V; 604 μF);
$I_{\cos\varphi=0,6} = 72$ A; $I_{\cos\varphi=0,95} = 46$ A

**4.11**. Una lámpara fluorescente de 20 W, 220 V y 50 Hz posee un *FP* de 0,6. ¿Qué condensador habrá que conectar a la misma para que trabaje a un *FP* de 0,9?

**Resultado:** 1,12 μF/220 V

**4.12**. Para que una lámpara incandescente de 125 V/60 W/50 Hz no se funda al conectarla a una red de 220 V, se conecta en serie con ella un condensador. Averiguar las características del condensador.

**Resultado:** 8,4 μF , 181 V

**4.13**. Se conectan en serie las bobinas de dos contactores a 220 V, 50 Hz de las siguientes características: bobina nº1 ($R = 20$ Ω; L = 0,8 H), bobina nº2

(28 Ω; L = 0,6 H). Calcular la corriente que pasa por las mismas, la tensión aplicada a cada bobina, el factor de potencia del conjunto, las potencias del conjunto y la capacidad del condensador que habrá que conectar en paralelo para conseguir corregir el *FP* del conjunto a 0,95.

**Resultado:** $I = 0{,}5$ A; $V_1 = 126$ V; $V_2 = 95$ V; $\cos \varphi = 0{,}1$; $P = 11$ W; $Q = 109$ VAR; $S = 110$ VA; $C = 7$ μF.

# 5 Circuitos acoplados en paralelo en C.A.

La característica fundamental en los sistemas donde conectamos los receptores en paralelo es que éstos quedan sometidos a la misma tensión. En la Figura 5.1 se muestra un circuito donde se han conectado una rama R-C en paralelo con una rama R-L. Para resolver este circuito, en el diagrama vectorial (Figura 5.2), se toma como referencia la tensión V en común con las dos ramas y se calculan por separado las intensidades $I_1$ e $I_2$ de cada circuito derivado. La intensidad total $I$ que debe suministrar el generador al circuito se obtiene de la suma vectorial de ambas intensidades:

$$\vec{I} = \vec{I_1} + \vec{I_2}$$

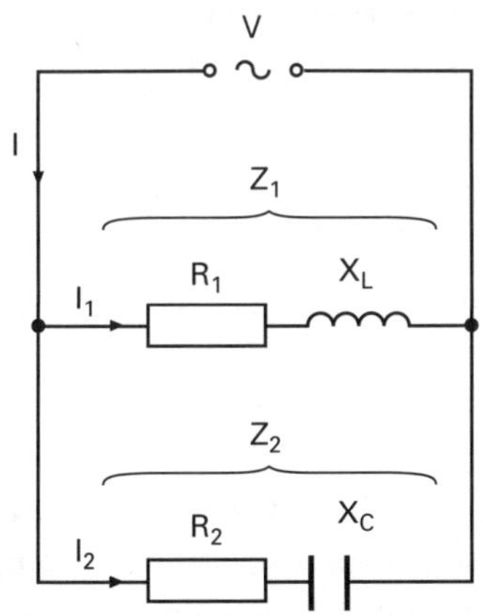


Figura 5.1

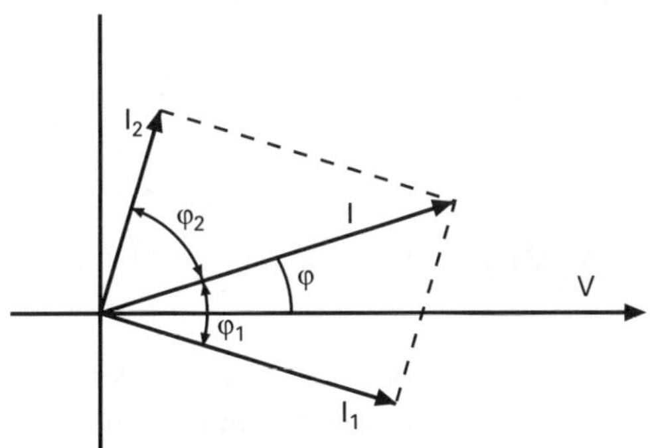


Figura 5.2

Para calcular las corrientes por cada circuito derivado operamos como en otras ocasiones:

$$I_1 = \frac{V}{Z_1} \qquad\qquad I_2 = \frac{V}{Z_2}$$

A primera vista la resolución teórica de este circuito parece sencilla, pero la suma vectorial de las corrientes puede ser bastante laboriosa. Por esta razón, vamos a estudiar a continuación un sistema de resolución, que puede resultar en la mayoría de las aplicaciones prácticas mucho más sencillo. Se trata de utilizar el método de resolución por separación de potencias.

Los problemas prácticos que más comúnmente se presentan suelen estar relacionados con el cálculo de instalaciones eléctricas con varios receptores de diferente tipo, como motores, lámparas, sistemas de calefacción, etc., acoplados en paralelo a través de la red eléctrica. En estos casos se suele conocer la potencia y el *FP* de cada uno de los receptores y se trata de averiguar la potencia total instalada, la intensidad total, así como el *FP* del conjunto de la instalación.

Supongamos que en la instalación existen tres receptores de diferente potencia y *FP*. Para resolver estos circuitos basta con averiguar la potencia activa y reactiva de cada uno de los receptores y construir el triángulo de potencia de la Figura 5.3, donde se cumple que:

$$Q_T = Q_1 + Q_2 + Q_3$$

$$P_T = P_1 + P_2 + P_3$$

$$S_T = \sqrt{Q_T^2 + P_T^2}$$

$$\cos \varphi_T = \frac{P_T}{S_T}$$

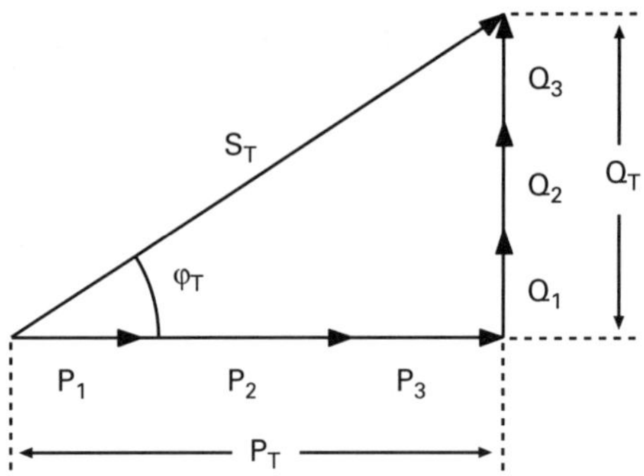


**Figura 5.3**

# Ejemplos

**5.1** La instalación de una panadería consta de los siguientes receptores: **a.** un sistema de ventilación con un motor de 2 KW, $\cos \varphi = 0{,}7$; **b.** un sistema de alumbrado consistente en 20 lámparas de 40 W cada una y con un factor de potencia de 0,6; **c.** un horno de 4 KW. El suministro de energía se hace a 230 V y 50 Hz. Se trata de averiguar: la potencia aparente total instalada, el factor de potencia total, así como la corriente total por los conductores de la línea general.

**Solución:** Dado que sólo conocemos las potencias activas de cada uno de los receptores, lo primero que tenemos que hacer es averiguar las potencias reactivas correspondientes.

**a.** Para calcular la potencia reactiva del motor nos valemos del triángulo de potencias (Figura 5.4), donde aplicamos la función trigonométrica de la tangente:

$$\text{tg } \varphi_1 = \frac{Q_1}{P_1} \Rightarrow Q_1 = P_1 \cdot \text{tg } \varphi_1 = 2.000 \cdot \text{tg } 45,6° = 2.042 \text{ VAR}$$

El ángulo $\varphi_1$ que le corresponde al $\cos \varphi_1 = 0,7$ es $45,6\,°$

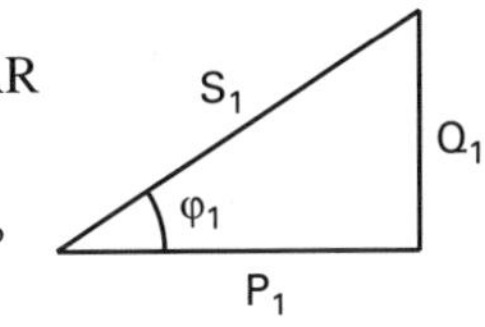


**Figura 5.4**

**b.** La potencia activa total de las lámparas es: $P_2 = 20 \cdot 40 \text{ W} = 800 \text{ W}$

El ángulo $\varphi_2$ que le corresponde al $\cos \varphi_2 = 0,6$ es $53,1\,°$

$$Q_2 = P_2 \cdot \text{tg } \varphi_2 = 800 \cdot \text{tg } 53,1\,° = 1.067 \text{ VAR}$$

**c.** Un horno consta básicamente de una resistencia puramente óhmica, por lo que su factor de potencia es la unidad y, por tanto, su potencia reactiva es nula.

$$Q_3 = 0 \text{ VAR}$$

Ahora ya estamos en disposición de realizar la suma de potencias:

$$P_T = P_1 + P_2 + P_3 = 2.000 + 800 + 4.000 = 6.800 \text{ W}$$

$$Q_T = Q_1 + Q_2 + Q_3 = 2.042 + 1.067 + 0 = 3.109 \text{ VAR}$$

$$S_T = \sqrt{P_T^2 + Q_T^2} = \sqrt{6.800^2 + 3.109^2} = 7.477 \text{ VA}$$

$$\cos \varphi_T = \frac{P_T}{S_T} = \frac{6.800}{7.477} = 0,91$$

Con estos datos ya podemos obtener la intensidad total del circuito:

$$P_T = V \cdot I_T \cdot \cos \varphi_T \Rightarrow I_T = \frac{P_T}{V \cdot \cos \varphi_T} = \frac{6.800}{230 \cdot 0,91} = 32,5 \text{ A}$$

**5.2** En la Figura 5.5 se muestra un circuito donde se han acoplado dos ramas R-L con una R-C. Se trata de averiguar: $I_T$, $Z_T$, $P_T$, $Q_T$, $S_T$, $\cos \varphi_T$.

$R_1 = 10\ \Omega$
$X_{L1} = 5\ \Omega$
$R_2 = 15\ \Omega$
$X_{L2} = 20\ \Omega$
$R_3 = 20\ \Omega$
$X_C = 25\ \Omega$
$V = 100\ \text{V}$

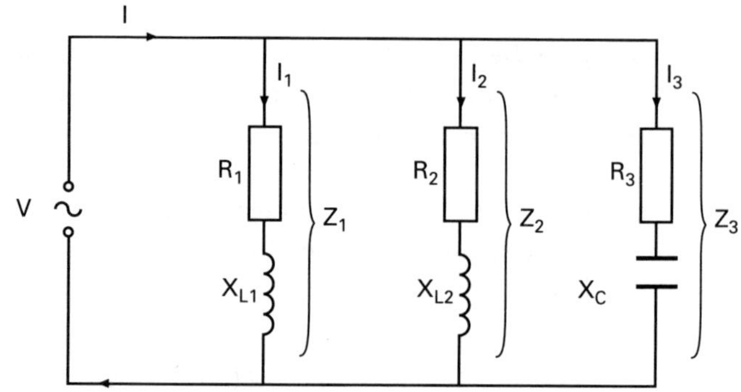


**Figura 5.5**

**Solución:** Vamos a resolver este circuito por el método de la suma de potencias. Para ello, comenzaremos con el cálculo de las potencias de cada uno de los circuitos derivados:

**a.**

$$Z_1 = \sqrt{R_1^2 + X_{L1}^2} = \sqrt{10^2 + 5^2} = 11,2\ \Omega$$

$$\cos \varphi_1 = \frac{R_1}{Z_1} = \frac{10}{11,2} = 0,89$$

Le corresponde un ángulo $\varphi_1 = 27\ °$

$$I_1 = \frac{V}{Z_1} = \frac{100}{11,2} = 8,9\ \text{A}$$

$$P_1 = V \cdot I_1 \cdot \cos \varphi_1 = 100 \cdot 8,9 \cdot 0,89 = 792\ \text{W}$$

$$Q_1 = V \cdot I_1 \cdot \text{sen}\ \varphi_1 = 100 \cdot 8,9 \cdot \text{sen}\ 27\ ° = 404\ \text{VAR}$$

**b.**

$$Z_2 = \sqrt{R_2^2 + X_{L2}^2} = \sqrt{15^2 + 20^2} = 25\ \Omega$$

$$\cos \varphi_2 = \frac{R_2}{Z_2} = \frac{15}{25} = 0,6$$

Le corresponde un ángulo $\varphi_2 = 41,4\ °$

$$I_2 = \frac{V}{Z_2} = \frac{100}{25} = 4\ \text{A}$$

$$P_2 = V \cdot I_2 \cdot \cos \varphi_2 = 100 \cdot 4 \cdot 0{,}6 = 240 \text{ W}$$

$$Q_2 = V \cdot I_2 \cdot \text{sen } \varphi_2 = 100 \cdot 4 \cdot \text{sen } 53{,}1\,° = 320 \text{ VAR}$$

**c.**

$$Z_3 = \sqrt{R_3^2 + X_C^2} = \sqrt{20^2 + 25^2} = 32 \ \Omega$$

$$\cos \varphi_3 = \frac{R_3}{Z_3} = \frac{20}{32} = 0,63$$

Le corresponde un ángulo $\varphi_3 = 51\,°$

$$I_3 = \frac{V}{Z_3} = \frac{100}{32} = 3 \text{ A}$$

$$P_3 = V \cdot I_3 \cdot \cos \varphi_3 = 100 \cdot 3 \cdot 0{,}63 = 189 \text{ W}$$

$$Q_3 = V \cdot I_3 \cdot \text{sen } \varphi_3 = 100 \cdot 3 \cdot \text{sen } 41\,° = 197 \text{ VAR}$$

Esta última potencia reactiva la produce un condensador, por lo que al sumar las potencias reactivas hay que tomarla como negativa respecto a la producida por las bobinas.

Ahora ya estamos en disposición de realizar la suma de potencias:

$$P_T = P_1 + P_2 + P_3 = 792 + 240 + 189 = 1.221 \text{ W}$$

$$Q_T = Q_1 + Q_2 + Q_3 = 404 + 320 - 197 = 527 \text{ VAR}$$

$$S_T = \sqrt{P_T^2 + Q_T^2} = \sqrt{1.221^2 + 527^2} = 1.330 \ VA$$

$$\cos \varphi_T = \frac{P_T}{S_T} = \frac{1.221}{1.330} = 0{,}92$$

Con estos datos ya podemos obtener la intensidad total del circuito:

$$P_T = V \cdot I_T \cdot \cos \varphi_T \Rightarrow I_T = \frac{P_T}{V \cdot \cos \varphi_T} = \frac{1.221}{100 \cdot 0{,}92} = 13{,}3 \text{ A}$$

Para determinar la impedancia total aplicamos la ley de Ohm para C.A. al conjunto del circuito:

$$I_T = \frac{V}{Z_T} \Rightarrow Z_T = \frac{V}{I_T} = \frac{100}{13{,}3} = 7{,}5 \ \Omega$$

Por último, indicar que en el circuito predomina la potencia reactiva de carácter inductivo frente a la de carácter capacitivo, lo que nos indica que el circuito en su conjunto es inductivo y que, por tanto, la corriente queda en retraso un ángulo $\varphi_T$ respecto a la tensión.

Dibuja a escala el diagrama vectorial con todas las corrientes.

# Caída de tensión en los conductores de líneas de C.A.

En las líneas de C.A., al igual que en las de C.C., se produce una cierta caída de tensión en los conductores de la línea debido a la resistencia que presentan los mismos. Como ya recordaremos, esto influye a la hora de calcular la sección de los conductores. Dado que en C.A. existe en la mayoría de las ocasiones un ángulo $\varphi$ de desfase entre $V$ e $I$, la caída de tensión que se produce se ve influenciada por el mismo, de tal manera que se cumple que:

$$\Delta V = R_L \cdot I \cdot \cos\varphi$$

$\Delta V$ = *caída de tensión* (V)
$R_L$ = *Resistencia de la línea* (Ω)
$I$ = *corriente eficaz por línea* (A)
$\cos\varphi$ = *FP de la carga*

Si al igual que hacíamos en C.C. sustituimos la resistencia $R_L$ por la expresión general de resistencia de un conductor y despejamos la sección, obtenemos la siguiente expresión:

$$S = \frac{\rho \cdot 2 \cdot L_L \cdot I}{\Delta V} \cdot \cos\varphi$$

$\rho$ = *resistividad del conductor* (Ω · mm²/m)
$\Delta V$ = *caída de tensión máxima en la línea* (V)
$L_L$ = *distancia de la carga al punto de alimentación* (m)
$I$ = *Intensidad por la línea* (A)
$S$ = *Sección del conductor de la línea* (mm²)
$\cos\varphi$ = *FP de la carga*

# Ejemplos

**5.3** Se necesita averiguar la sección más recomendable para la instalación de un motor de características: 10 KW; $\cos\varphi = 0{,}8$; 400 V. La longitud de la línea es de 50 metros y se trata de dos conductores de cobre unipolares aislados con PVC bajo tubo. La caída de tensión máxima admisible es del 1 %.

**Solución:** Primero calculamos la corriente por la línea:

$$I = \frac{P}{V \cdot \cos\varphi} = \frac{10.000}{400 \cdot 0{,}8} = 31 \text{ A}$$

La caída de tensión máxima admisible en voltios es:

$$\Delta V = \frac{400}{100} \cdot 1\% = 4 \text{ V}$$

 

La sección de los conductores para que se mantenga como máximo esta caída de tensión es:

$$S = \frac{\rho \cdot 2 \cdot L_L \cdot I}{\Delta V} \cdot \cos \varphi = \frac{0,017 \cdot 2 \cdot 50 \cdot 31}{4} \cdot 0,8 = 10,5 \text{ mm}^2$$

La sección comercial que le corresponde es de 16 mm². Si consultamos la intensidad máxima admisible para este conductor podremos comprobar que es de 54 A, bastante superior a los 31 A que fluyen por el conductor (estas tablas se encuentran en el tomo 1 de esta obra en el capítulo 8 dedicado al cálculo de secciones en líneas de C.C.)

## Resúmen de Conceptos

En un circuito con varios receptores acoplados en derivación, la tensión es común a todos ellos y se cumple la primera ley de Kirchhoff, pero para valores vectoriales:

$$\vec{I} = \vec{I_1} + \vec{I_2}$$

Mediante la suma de potencias es posible resolver este tipo de circuitos:

$$Q_T = Q_1 + Q_2 + Q_3 \qquad P_T = P_1 + P_2 + P_3$$

$$S_T = \sqrt{Q_T^2 + P_T^2} \qquad I_T = \frac{P_T}{V \cdot \cos \varphi_T}$$

$$\cos \varphi_T = \frac{P_T}{S_T} \qquad Z_T = \frac{V}{I_T}$$

Para el **cálculo de la sección de los conductores de líneas de C.A.** , teniendo en cuenta la caída de tensión, hay que tener en cuenta el factor de potencia de la carga:

$$S = \frac{\rho \cdot 2 \cdot L_L \cdot I}{\Delta V} \cdot \cos \varphi$$

## Actividades

**5.1.** La instalación eléctrica de una granja consta de los siguientes receptores: (1) 10 estufas eléctricas de 1.000 W cada una; (2) 4 ventiladores impulsados, cada uno de ellos, por un motor monofásico de inducción de 2 KW, cos $\varphi$ = 0,7; (3) 100 lámparas fluorescentes de 40 W, cos $\varphi$ = 0,6; (4) un montacargas de 4 KW, cos $\varphi$ = 0,75.

Si el suministro de energía se realiza a 380 V y 50 Hz, averiguar: **a.** potencia aparente total instalada y FP; **b.** intensidad de corriente total por la línea general; **c.** sección de los conductores de la línea general, si ésta consta de un cable bipolar de cobre, instalado al aire, de 150 m de longitud y con una caída de tensión máxima admisible del 2%; **d.** batería automática de condensadores para corregir el FP a 0,95.

**Resultado:** **a.** $S_T$ = 31 KVA, cos $\varphi_T$ = 0,84;
**b.** $I$ = 82 A;
**c.** $S$ = 50 mm$^2$;
**d.** $Q_C$ = 8,2 KVAR, $C$ = 182 μF , $V_C$ = 380 V.

**5.2.** Se conecta a una red de 100 V, 50 Hz una resistencia óhmica de 150 Ω en paralelo con una bobina de 50 Ω de resistencia y 1 H de coeficiente de autoinducción. Averiguar las intensidades del circuito, $P_T$, $Q_T$, $S_T$, $FP$. Dibujar el diagrama vectorial.

**Resultado:** $I_T$ = 0,78 A; $I_R$ = 0,67 A; $I_L$ = 0,31 A; cos $\varphi$ = 0,92; $P_T$ = 72 W; $Q_T$ = 30 VAR; $S_T$ = 78 VA

**5.3.** Se conecta a una red de C.A. de 120 V, 50 Hz un circuito compuesto por tres receptores en paralelo de las siguientes características: un condensador de 66,3 μF, una resistencia de 400 Ω y una bobina de 159 mH. Averiguar, la corriente total y la impedancia total del circuito.

**Resultado:** $I_T$ = 0,32 A; $Z_T$ = 375 Ω

**5.4.** Se conectan en paralelo las bobinas de dos electroimanes a una red monofásica de C.A. de 220 V, 50 Hz. Si las características de las mismas son: bobina nº1 ($R$ = 80 Ω, $L$ = 0,8 H), bobina nº2 ($R$ = 120 Ω, $L$ = 0,6 H), averiguar las corrientes por cada bobina, $FP$ de cada una y total, potencia activa de cada una y total.

**Resultado:** bobina nº1 (0,83 A; cos $\varphi$ = 0,3; 55 W),
bobina nº2 (0,98 A; cos $\varphi$ = 0,53; 114 W),
total (1,8 A; cos $\varphi$ = 0,43; 169 W)

**5.5.** Calcular la sección con la que habrá que instalar los conductores de la línea que conecta el contador de energía, situado en un cuarto de contadores, con el cuadro general de mando y protección, instalado en el interior de una vivienda. Para ello tendremos en cuenta los siguientes datos: vivienda situada en el quinto piso de un edificio; la longitud aproximada de la línea es de 25 m, los conductores son de cobre, unipolares, aislados con PVC e instalados bajo conducto; la demanda de potencia máxima que se prevé es de 5.750 W a 230 V y con un cos $\varphi$ = 0,8; la caída de tensión máxima que se admite es del 1 %.

**Resultado:** 10 $mm^2$

**5.6.** Calcular la sección de una línea monofásica de 100 m que alimenta a dos motores de las siguientes características: motor nº1 (5 KW; 220 V; cos $\varphi$ = 0,6), motor nº2 (7 KW; 220 V; cos $\varphi$ = 0,65). La caída de tensión máxima de tensión que se admite es del 5 % . La línea consta un cable bipolar aislado con PVC instalado bajo tubo. Posteriormente a la instalación de la línea se conecta una batería de condensadores al final de la misma con la idea de elevar el factor de potencia de la instalación hasta 0,95. ¿Cuál sería ahora la sección recomendable para los conductores de línea?

**Resultado:** $S$ = 50 $mm^2$; Sección (para cos $\varphi$ = 0.95) = 25 $mm^2$

# 6 Sistemas de C.A. trifásicos

A diferencia de los sistemas monofásicos de C.A., estudiados hasta ahora, que utilizan dos conductores eléctricos para su generación y consumo, los sistemas trifásicos utilizan tres o cuatro conductores. En la práctica, no existen alternadores monofásicos para la producción de grandes cantidades de energía. Las centrales eléctricas se valen de alternadores trifásicos para la generación de la electricidad que posteriormente se consume en el sector industrial y doméstico, tanto en forma trifásica como monofásica. Como ya estudiaremos a continuación, las líneas monofásicas se obtienen a partir de un sistema trifásico.

En la Figura 6.1 se muestra como ejemplo una línea trifásica. Los conductores con la denominación *R*, S y *T* pertenecen a cada una de las fases del alternador trifásico, y el conductor con la denominación *N* se le conoce por el nombre de neutro. Se ha conectado un motor trifásico a cada una de las fases y varios receptores monofásicos entre las fases y el neutro.

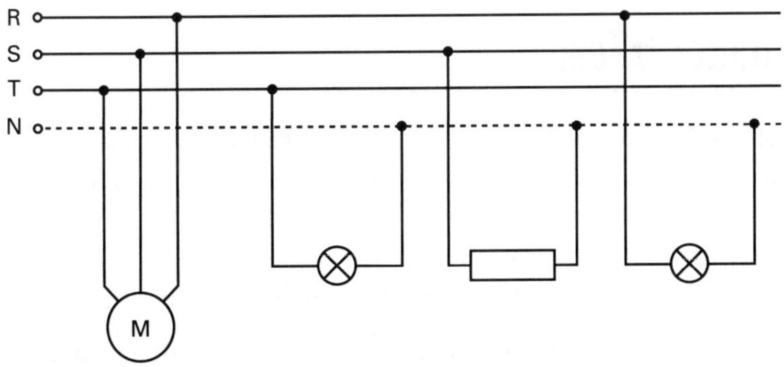


**Figura 6.1**

Se puede comprobar experimentalmente como en un sistema trifásico existen dos tensiones diferentes. Así, por ejemplo si tomamos un voltímetro y medimos la tensión que existe entre cualquiera de las fases y el neutro de un sistema de distribución de baja tensión (por ejemplo, en el cuarto de contadores de un edificio de viviendas) obtendremos un resultado de 230 V. Sin embargo, si medimos la tensión que aparece entre cualquiera de las fases, comprobaremos que existe una tensión de 400 V.

De aquí se deduce que en un sistema trifásico existen en una misma línea dos tensiones diferentes. También se puede comprobar como la tensión entre fases es $\sqrt{3}$ veces mayor que la que aparece entre las fases y el neutro:

$$\frac{400\ \text{V}}{230\ \text{V}} = \sqrt{3}$$

El hecho de que en una misma línea tengamos dos tensiones resulta muy ventajoso, ya que por ejemplo podemos utilizar la tensión más elevada en el sector industrial y, por seguridad, la tensión más baja en el sector doméstico.

Aparte de esta ventaja que nos aportan los sistemas trifásicos existen otras muchas más que expondremos a continuación:

Tanto los alternadores, transformadores y motores de C.A. trifásica poseen un mayor rendimiento y, por lo general, son mucho más sencillos y económicos que los monofásicos. Esto se aprecia fundamentalmente en los motores trifásicos de inducción, que es uno de los más utilizados en el sector industrial. Este motor posee unas características mucho mejores que el monofásico, como son: par de arranque muchísimo más fuerte, mejor rendimiento y mejor factor de potencia.

Los sistemas trifásicos consiguen transportar la energía eléctrica con un ahorro considerable en la sección de los conductores.

Todas estas ventajas hacen que en la actualidad toda la energía eléctrica se produzca, transporta, distribuya y consuma en forma de C.A. alterna trifásica.

# El alternador trifásico

En la Figura 6.2 se muestra el aspecto de un alternador trifásico elemental. Aquí se han situado tres bobinas repartidas equitativamente en el estator de la máquina. Dado que el estator es circular y que abarca un ángulo total de 360 °, cada bobina se sitúa cada 360 °/3 = tres bobinas repartidas, tal como se muestra en la Figura 6.2. En el rotor se sitúa un rueda polar que produce el campo magnético inductor.

Al girar la rueda polar a una cierta velocidad, al igual que ocurría con los alternadores monofásicos, el campo magnético corta los conductores de las bobinas y en ellos se induce una fuerza electromotriz, que se presenta en bornes del alternador como una tensión dispuesta para ser aprovechada por cualquier receptor.

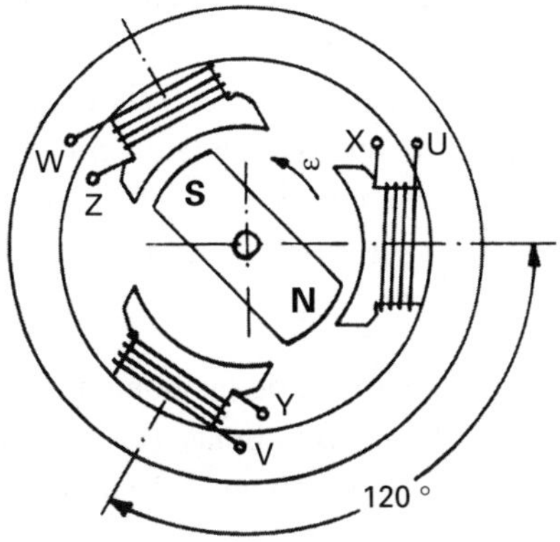


**Figura 6.2**

Dado que existen tres bobinas independientes, en cada una de ellas se induce una f.e.m. del mismo valor eficaz y frecuencia que sigue las variaciones de la función senoidal. Como cada una de las bobinas está situada en el estator cada 120 °, las tensiones que aparecen en bornes de cada una de las bobinas también quedan desfasadas 120 ° una de la otra.

En la Figura 6.3 se muestra la evolución de las tres tensiones en función del ángulo de giro de la rueda polar. Aquí hemos situado en el origen a la tensión $V_R$; 120 ° después situamos a la tensión $V_S$ y otros 120 ° después la tensión $V_T$.

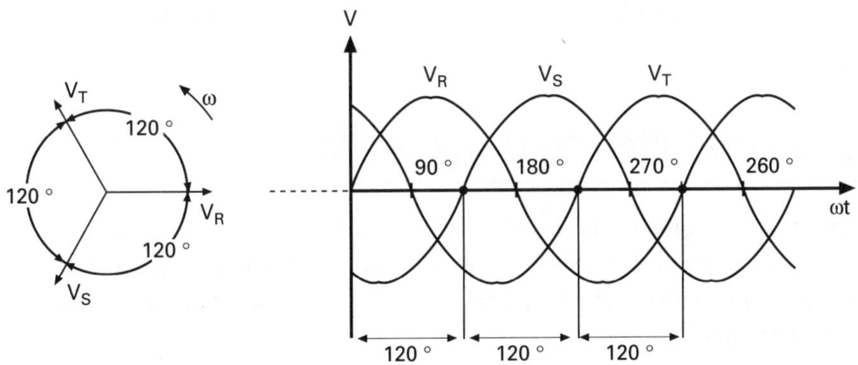


**Figura 6.3**

Si conectásemos a cada una de estas tensiones una lámpara eléctrica e hiciésemos girar el alternador muy lentamente, podríamos observar como se van encendiendo y apagando consecutivamente las lámparas según la evolución de cada una de las tensiones del diagrama de la Figura 6.3.

En el alternador de la Figura 6.2 hemos denominado a los principios de las tres fases de cada una de las bobinas con las letras *U*, *V*, *W* y los finales con *X*, *Y*, *Z*. En un principio se podría pensar que serían necesarios seis conductores para transportar la energía de un sistema trifásico. Sin embargo, en la práctica se interconectan entre sí los terminales de las bobinas, consiguiendo reducir el número de conductores a tres o cuatro. De esta forma, existen dos formas de conectar las bobinas en estrella o en triángulo.

En la Figura 6.4 se muestra la conexión de las bobinas en estrella. Aquí se obtienen las tres fases de los finales *U*, *V*, *W* de las bobinas; por otro lado, se unen los principios *X*, *Y*, *Z* a un punto común de donde se obtiene el cuarto conductor conocido por el nombre de neutro.

En la Figura 6.5 se muestra la conexión de las bobinas en triángulo. Para obtener esta conexión se conecta el final de cada bobina con el principio de la siguiente.

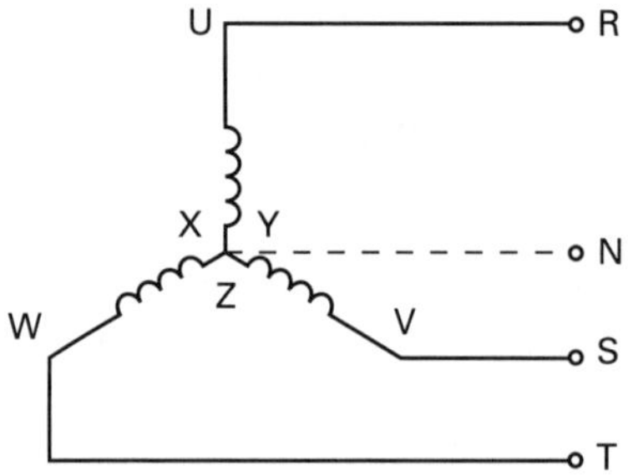


**Figura 6.4**

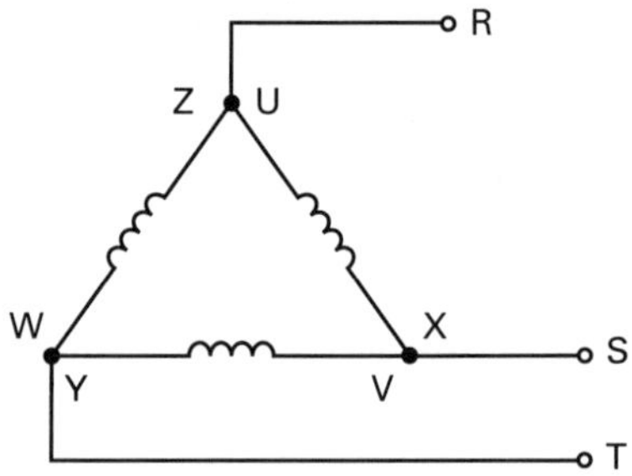


**Figura 6.5**

# Conexión del alternador en estrella

Se puede decir que es la forma más utilizada para conectar los alternadores trifásicos, ya que permite el uso del conductor neutro. Además es posible conectar el neutro a tierra junto con el chasis del alternador, lo que garantiza la seguridad eléctrica de las instalaciones.

Como ya indicamos, en un sistema trifásico con neutro se obtienen dos tensiones diferentes. Llamaremos tensión de línea $V_L$ a la tensión que aparece entre cualquiera de los conductores de las fases *R*, *S*, *T* de una línea trifásica y tensión de fase $V_f$ a la tensión que aparece entre los extremos de cada fase. En la Figura 6.6 se muestra la situación de estas tensiones.

 

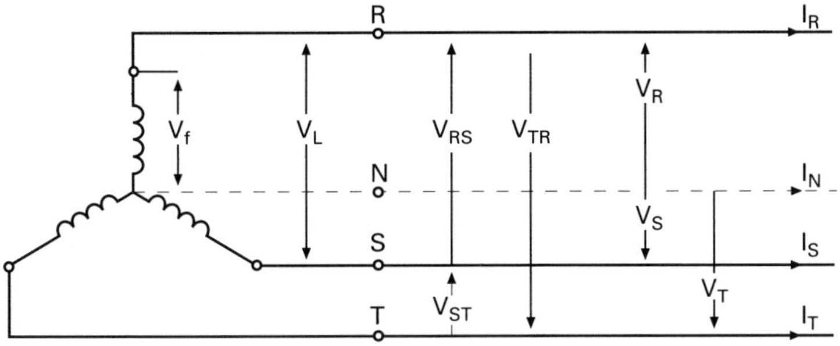


**Figura 6.6**

Para obtener la relación existente entre las tensiones de línea y de fase es necesario dibujar el diagrama vectorial (Figura 6.7). Aquí se dibujan las tensiones de fase $V_R$, $V_S$ y $V_T$ como vectores desfasados uno del otro 120 °. Las tensiones de línea surgen de la composición vectorial de las tensiones de fases, cumpliéndose que:

$$\vec{V}_{RS} = \vec{V}_R - \vec{V}_S$$

$$\vec{V}_{ST} = \vec{V}_S - \vec{V}_T$$

$$\vec{V}_{TR} = \vec{V}_T - \vec{V}_R$$

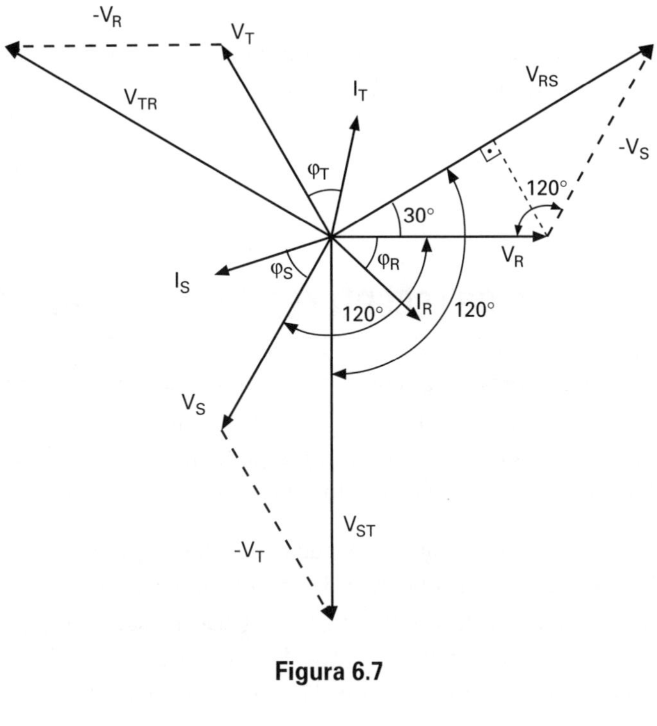


**Figura 6.7**

De la disposición de los vectores en el diagrama vectorial se deduce que las tensiones de línea quedan adelantadas un ángulo de 30 °. Si trasladamos el triángulo formado por las tensiones de línea y de fase en el diagrama vectorial a la Figura 6.8, y aplicamos las relaciones trigonométricas a uno de los triángulos rectángulos formados se cumple que;

$$\cos 30^\circ = \frac{V_L/2}{V_f}$$

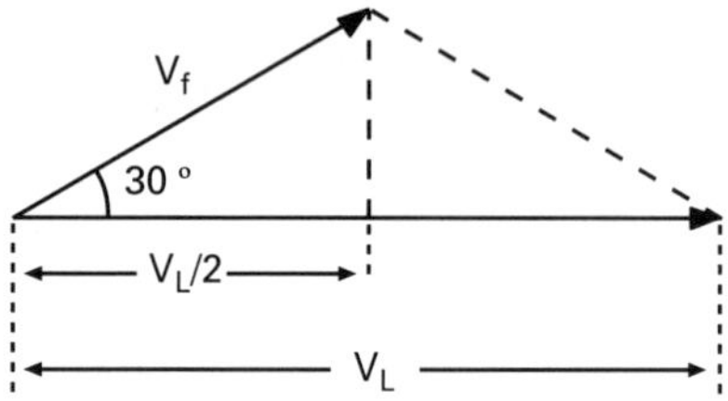


**Figura 6.8**

Por otro lado, sabemos que el $\cos 30^\circ = \frac{\sqrt{3}}{2}$

Sustituyendo este valor en la primera ecuación y simplificando obtenemos la relación:

$$\frac{V_L}{V_f} = \sqrt{3}$$

# Ejemplos

**6.1** Un sistema trifásico con neutro posee una tensión de línea de 230 V. Averiguar la tensión de fase.

**Solución:** $V_f = \frac{V_L}{\sqrt{3}} = \frac{230}{\sqrt{3}} = 133 \text{ V}$

# Conexión de receptores en un sistema de C.A. trifásica

Los receptores trifásicos constan, a su vez, de tres cargas de las mismas características. Así, por ejemplo, un motor trifásico posee tres bobinas iguales. Para poder conectar estas cargas a la red trifásica es necesario realizar una conexión previa entre ellas, que como en el caso de los alternadores podrá ser en estrella o en triángulo.

Por otro lado, también se pueden conectar cargas monofásicas a un sistema trifásico. Éstas se podrán conectar entre las fases y el neutro o entre las fases, dependiendo de la tensión nominal de los receptores. Al hacer esto habrá que procurar repartir lo más equitativamente la potencia entre las tres fases, evitando así fuertes desequilibrios en las corrientes que fluyen por cada uno de los conductores de fase.

Los receptores se clasifican en cargas equilibradas y cargas desequilibradas. Las cargas equilibradas son aquéllas que poseen la misma impedancia en cada fase y que, por tanto, provocan una corriente igual por cada fase. Al contrario, las cargas desequilibradas poseen diferentes impedancias en cada una de las tres fases y, como ya hemos expuesto, producen corrientes diferentes en cada una de las fases.

 

# Potencia en C.A. trifásica equilibrada

La potencia de una carga equilibrada trifásica se obtiene de la suma de la potencia de las tres fases. Como podremos demostrar posteriormente, para calcular la potencia de un carga trifásica equilibrada, esté conectada en estrella o en triángulo, se emplean las siguientes expresiones:

- Potencia activa: $P = \sqrt{3} \cdot V_L \cdot I_L \cdot \cos \varphi$
- Potencia reactiva: $Q = \sqrt{3} \cdot V_L \cdot I_L \cdot \text{sen}\ \varphi$
- Potencia aparente: $S = \sqrt{3} \cdot V_L \cdot I_L$

Siendo $V_L$ la tensión de línea, $I_L$ la intensidad de corriente de línea y $\varphi$ el ángulo de desfase entre la tensión e intensidad de fase, que coincide con el ángulo de la carga.

# Carga equilibrada en estrella

Las cargas se conectan a un punto común al que llamamos neutro (véase Figura 6.9). Los terminales libres de las fases de las cargas se conectan a las fases *R*, *S*, *T* de la línea y el punto común al neutro de la misma.

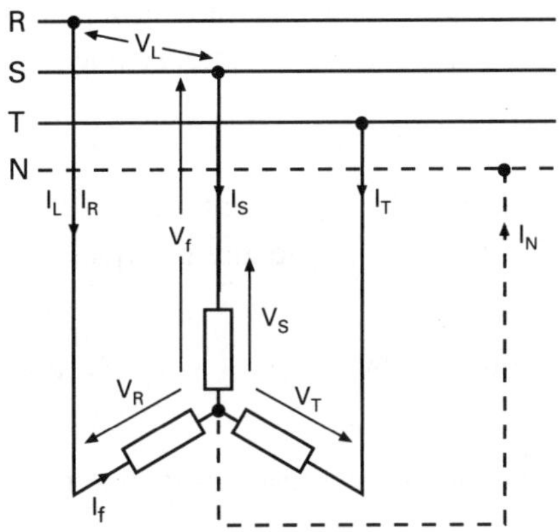


**Figura 6.9**

Si se observa detenidamente la Figura 6.9 podremos comprobar que la tensión de línea queda aplicada entre los extremos de cada dos fases de la carga. Sin embargo, con el neutro conectado al punto común de la estrella, la tensión a queda sometida cada una de las cargas es la de fase $V_f$.

A la corriente que parte de la línea hacia la carga se le denomina corriente de línea $I_L$ y a la corriente que fluye por cada una de las fases de la carga se le denomina corriente de fase $I_f$.

Dado que la impedancia de cada una de las fases es idéntica, las corrientes que aparecen en cada una de las fases $I_R$, $I_S$, $I_T$, también lo serán. Si situamos estas corrientes en el diagrama vectorial (véase Figura 6.7) comprobaremos que quedan desfasadas un ángulo φ respecto a la tensión de fase y de 120° entre sí.

La corriente $I_N$ que fluye hacia el neutro la podemos calcular aplicando la primera ley de Kirchhoff en el punto común, de tal forma que se cumple la siguiente relación vectorial:

$$\vec{I_R} + \vec{I_S} + \vec{I_T} = \vec{I_N} = 0$$

Efectivamente la suma de las tres corrientes de línea es igual al cero, tal como se puede comprobar en el diagrama vectorial de la Figura 6.7. Si por el neutro no fluye corriente existe la posibilidad de eliminar la conexión del conductor neutro de la línea. Al hacerlo se forma en el punto común de la estrella un neutro artificial que permite que se mantenga la tensión de fase entre los terminales de cada carga. Por supuesto, esto ocurre sólo cuando las cargas son exactamente iguales, es decir cuando carga es equilibrada.

Para calcular la potencia activa trifásica que aparece en el conjunto de las tres cargas se suma la potencia de cada una de ellas:

$$P = V_R \cdot I_R \cdot \cos \varphi_R + V_S \cdot I_S \cdot \cos \varphi_S + V_T \cdot I_T \cdot \cos \varphi_T$$

Para un sistema equilibrado se cumple que las corrientes de fase, las tensiones de fase y los ángulos de desfase son iguales. Por tanto, se puede escribir que:

$$P = 3 \cdot V_f \cdot I_f \cdot \cos \varphi$$

Dado que en una carga en estrella la corriente de fase es igual que la de línea y además se cumple la relación $V_f = V_L / \sqrt{3}$, tendremos que:

$$P = 3 \cdot \frac{V_L}{\sqrt{3}} \cdot I_L \cdot \cos \varphi \text{, y simplificando: } \quad P = \sqrt{3} \cdot V_L \cdot I_L \cdot \cos \varphi$$

De la misma manera se obtienen las expresiones de potencia reactiva y aparente:

$$Q = \sqrt{3} \cdot V_L \cdot I_L \cdot \text{sen } \varphi \qquad S = \sqrt{3} \cdot V_L \cdot I_L$$

# Ejemplos

**6.2** Un motor trifásico está conectado en estrella a una red de C.A. trifásica de 380 V de tensión de línea (véase circuito equivalente en la Figura 6.10). Su potencia activa es de 5 KW con un factor de potencia de 0,85. Averiguar: la corriente que absorbe el motor por cada uno de los conductores de la línea (corriente de línea), la corriente que fluye por cada una de las bobinas o fases del motor (corriente de fase), la tensión a que queda sometida cada una de las bobinas o fases del motor (tensión de fase), potencia reactiva y aparente.

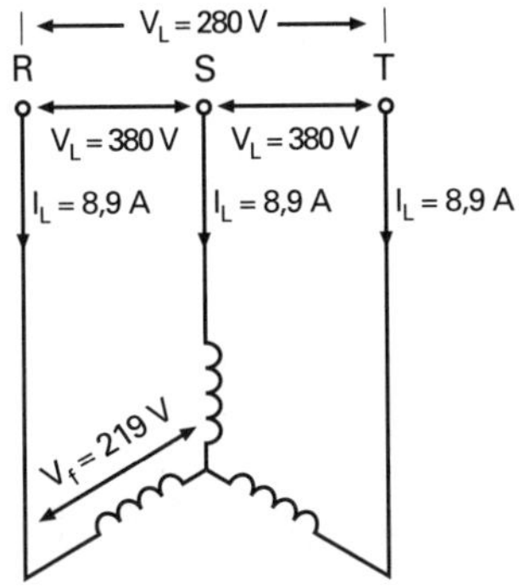


**Figura 6.10**

**Solución:** Para calcular la corriente de línea aplicamos la expresión de potencia activa trifásica:

$$P = \sqrt{3} \cdot V_L \cdot I_L \cdot \cos \varphi \Rightarrow I_L = \frac{P}{\sqrt{3} \cdot V_L \cdot \cos \varphi} = \frac{5.000}{\sqrt{3} \cdot 380 \cdot 0,85} = 8,9 \text{ A}$$

Para la conexión en estrella la corriente de fase es igual a la de línea:

$$I_f = I_L = 8,9 \text{ A}$$

La tensión que aparece en cada una de las fases del motor es:

$$V_f = \frac{V_L}{\sqrt{3}} = \frac{380}{\sqrt{3}} = 219 \text{ V}$$

El ángulo $\varphi$ que le corresponde a $\cos \varphi = 0,85$ es de $31,8\,°$

$$Q = \sqrt{3} \cdot V_L \cdot I_L \cdot \text{sen } \varphi = \sqrt{3} \cdot 380 \cdot 8,9 \cdot \text{sen } 31,8\,° = 3.087 \text{ VAR}$$

$$S = \sqrt{3} \cdot V_L \cdot I_L = \sqrt{3} \cdot 380 \cdot 8,9 = 5.858 \text{ VA}$$

**6. 3** Un horno eléctrico trifásico posee tres resistencias eléctricas iguales conectadas en estrella. Determinar su potencia si se mide una corriente por cada fase de 15 A y una tensión de fase de 127 V.

**Solución:** Averiguaremos primero la corriente y tensión de línea:

$$I_L = I_f = 15 \text{ A}$$

$$V_L = \sqrt{3} \cdot V_f = \sqrt{3} \cdot 127 = 220 \text{ V}$$

Para calcular la potencia aplicamos la expresión general de potencia, teniendo en cuenta que el factor de potencia en este caso es la unidad por ser cargas totalmente resistivas.

$$P = \sqrt{3} \cdot V_L \cdot I_L \cdot \cos \varphi = \sqrt{3} \cdot 220 \cdot 15 \cdot 1 = 5.716 \text{ W}$$

**6.4** Un aparato de calefacción eléctrico trifásico consta de tres resistencias iguales de 20 ohmios cada una conectadas en estrella a una red trifásica de 220 V (Figura 6.11). Se trata de calcular la potencia de la carga trifásica.

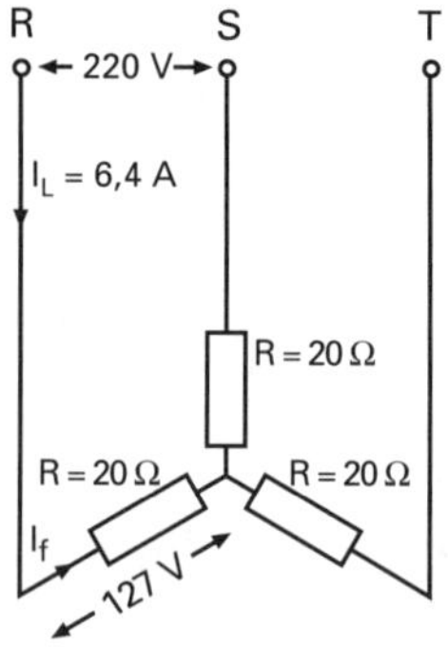


**Figura 6.11**

**Solución:** Primero calculamos la corriente por cada resistencia, que se corresponderá con la corriente de fase, que como ya sabemos, es igual que la de línea. Para ello aplicaremos la ley de Ohm, teniendo en cuenta que la tensión que aparece en cada una de las cargas es la de fase.

$$V_f = \frac{V_c}{\sqrt{3}} = \frac{220}{\sqrt{3}} = 127 \text{ V}$$

$$I_L = I_f = \frac{V_f}{R} = \frac{127}{20} = 6,4 \text{ A}$$

Ahora ya podemos calcular la potencia de la carga trifásica, para lo cual aplicamos la expresión general de potencia, teniendo en cuenta que, por ser cargas resistivas, el factor de potencia es igual a la unidad.

$$P = \sqrt{3} \cdot V_L \cdot I_L \cdot \cos \varphi = \sqrt{3} \cdot 220 \cdot 6,4 \cdot 1 = 2.439 \text{ W}$$

# Carga equilibrada en triángulo

De la misma manera que conectamos los bobinados de un alternador en triángulo también lo podemos hacer con cualquier tipo de carga trifásica, tal como se muestra en la Figura 6.12. En este caso, las tensiones de línea quedan directamente aplicadas a cada una de las cargas, por lo que la tensión de fase $V_f$ que aparece en cada una de las cargas es igual que la de línea.

$$V_f = V_L$$

 

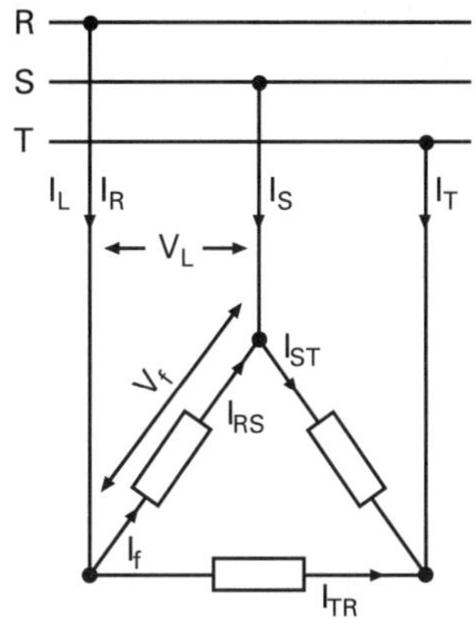


**Figura 6.12**

La corriente de línea $I_L$ entra a cada nudo del triángulo, en este caso, es diferente a la corriente de fase $I_f$ que fluye por cada una de las cargas.

Dado que las cargas son equilibradas, es decir, exactamente iguales, las corrientes de fase que aparece por cada una de las mismas también lo serán. Ahora bien, si trazamos el diagrama vectorial (véase Figura 6.13), donde situamos las corrientes de fase $I_{RS}$, $I_{ST}$, $I_{TS}$ desfasadas un cierto ángulo φ de cada una de las tensiones de línea, podremos comprobar como éstas quedan desfasadas entre sí 120 °.

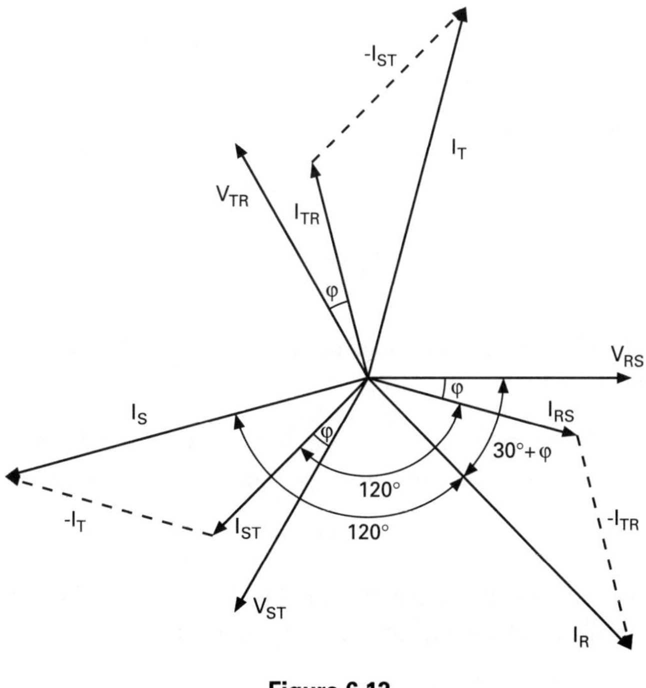


**Figura 6.13**

Para determinar la relación existente entre las corrientes de línea y las corrientes de fase vamos a aplicar la primera ley de Kirchhoff a los tres nudos que aparecen en las conexiones de las cargas del triángulo:

$$\vec{I}_R = \vec{I}_{RS} - \vec{I}_{TR}$$

$$\vec{I}_S = \vec{I}_{ST} - \vec{I}_{RS}$$

$$\vec{I}_T = \vec{I}_{TR} - \vec{I}_{ST}$$

Ahora trasladamos estas operaciones vectoriales al diagrama vectorial de la Figura 6.13, de donde se obtienen las tres corrientes de línea.

La composición de las corrientes forman un triángulo similar al que utilizamos para obtener la relación entre las tensiones de línea y de fase (véase Figura 6.14).

Si aplicamos las relaciones trigonométricas a uno de los triángulos rectángulos formados se cumple que;

$$\cos 30° = \frac{I_L/2}{I_f}$$

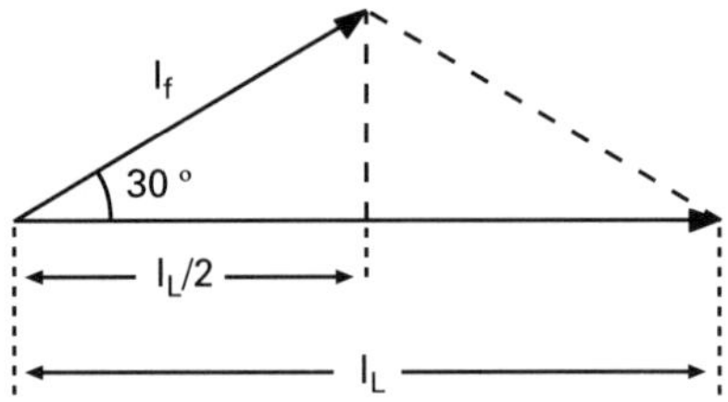


**Figura 6.14**

Dado que el $\cos 30° = \frac{\sqrt{3}}{2}$

Sustituyendo este valor en la primera ecuación y simplificando obtenemos la relación:

$$\frac{I_L}{I_f} = \sqrt{3}$$

De aquí concluimos que las corrientes de línea poseen todas el mismo valor y son $\sqrt{3}$ mayores que las corrientes de fase.

Al igual que hacíamos para cargas estrella, para calcular la potencia activa trifásica que aparece en el conjunto de las tres cargas se suma la potencia de cada una de ellas:

$$P = V_{RS} \cdot I_{RS} \cdot \cos \varphi_{RS} + V_{ST} \cdot I_{ST} \cdot \cos \varphi_{ST} + V_{TR} \cdot I_{TR} \cdot \cos \varphi_{TR}$$

Para un sistema equilibrado se cumple que las corrientes de fase, las tensiones de fase y los ángulos de desfase son iguales. Por tanto, se puede escribir que:

$$P = 3 \cdot V_f \cdot I_f \cdot \cos \varphi$$

 

Dado que en una carga triángulo la tensión de fase es igual que la de línea y se cumple la relación $I_f = I_L / \sqrt{3}$ , tendremos que:

$$P = 3 \cdot V_L \cdot \frac{I_L}{\sqrt{3}} \cdot \cos\varphi \text{ , y simplificando: } P = \sqrt{3} \cdot V_L \cdot I_L \cdot \cos\varphi$$

De la misma manera se obtienen las expresiones de potencia reactiva y aparente:

$$Q = \sqrt{3} \cdot V_L \cdot I_L \cdot \text{sen}\,\varphi \qquad\qquad S = \sqrt{3} \cdot V_L \cdot I_L$$

Observa, que como ya indicamos, las expresiones para calcular la potencia son iguales para cargas conectadas en triángulo o en estrella. No olvidar que para que esto sea así es necesario que las cargas sean equilibradas.

# Ejemplos

**6.5** Por un motor trifásico conectado en triángulo se mide una corriente de línea de 20 A cuando se le conecta a una tensión de línea de 220 V. Teniendo en cuenta que el factor de potencia del mismo es de 0,8; calcular: la corriente y la tensión de fase, potencia activa, reactiva y aparente.

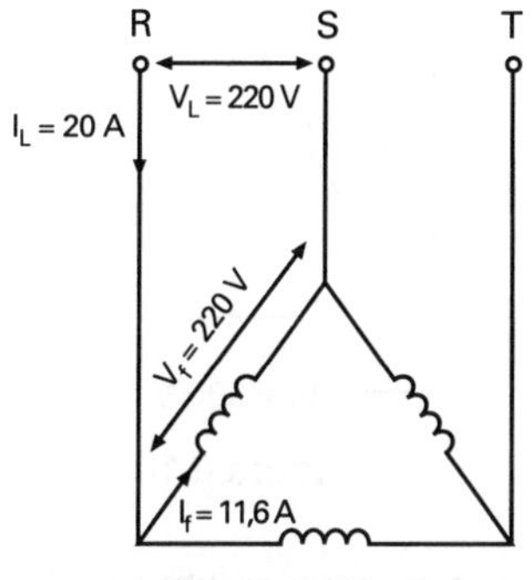


**Figura 6.15**

**Solución:** La tensión de fase es igual que la de línea: $V_f = V_L = 220$ V

La corriente de fase $\qquad I_f = \frac{I_L}{\sqrt{3}} = \frac{20}{\sqrt{3}} = 11,5 \text{ A}$

El ángulo φ que le corresponde a $\cos\varphi = 0,8$ es de 36,9 °

La potencias del motor las calculamos así:

$$P = \sqrt{3} \cdot V_L \cdot I_L \cdot \text{sen}\,\varphi = \sqrt{3} \cdot 220 \cdot 20 \cdot 0,8 = 6.097 \text{ W}$$

$$Q = \sqrt{3} \cdot V_L \cdot I_L \cdot \text{sen}\,\varphi = \sqrt{3} \cdot 220 \cdot 20 \cdot \text{sen}\, 36,9° = 4.576 \text{ VAR}$$

$$S = \sqrt{3} \cdot V_L \cdot I_L = \sqrt{3} \cdot 220 \cdot 20 = 7.621 \text{ VA}$$

**6.6** Un motor asíncrono trifásico posee las siguientes características: 8 KW/380 V /cos φ = 0,87 . Con estos datos averiguar: la corriente de línea y de fase, así como la potencia reactiva y aparente.

**Solución:** Para calcular la corriente de línea nos valemos de la potencia activa trifásica:

$$I_L = \frac{P}{\sqrt{3} \cdot V_c \cdot \cos \varphi} = \frac{8.000}{\sqrt{3} \cdot 380 \cdot 0,87} = 14 \text{ A}$$

La corriente de fase $$I_f = \frac{I_L}{\sqrt{3}} = \frac{14}{\sqrt{3}} = 8 \text{ A}$$

El ángulo φ que le corresponde a cos φ = 0,87 es de 29,5 º

$$Q = \sqrt{3} \cdot V_L \cdot I_L \cdot \text{sen } \varphi = \sqrt{3} \cdot 380 \cdot 14 \cdot \text{sen } 29,5\,^{\circ} = 4.537 \text{ VAR}$$

$$S = \sqrt{3} \cdot V_L \cdot I_L = \sqrt{3} \cdot 380 \cdot 14 = 9.214 \text{ VA}$$

**6.7** La potencia de un horno trifásico es de 30 KW a 380 V. Determinar el valor óhmico de las tres resistencias iguales de las que consta.

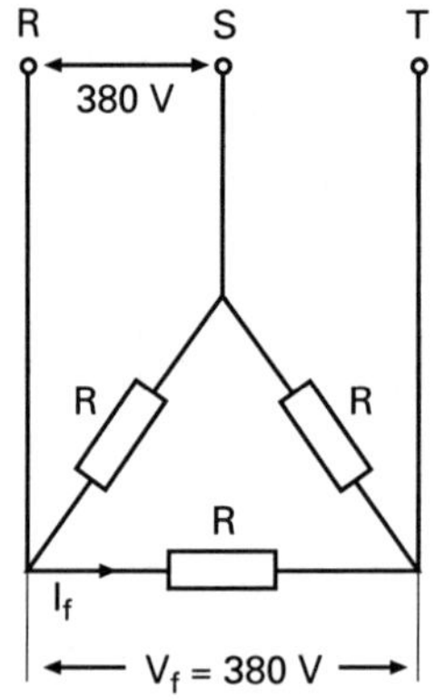


**Figura 6.16**

**Solución:** Como es un sistema equilibrado, la potencia que suministra cada carga será la tercera parte de la potencia total trifásica:

$$P' = \frac{30 \text{ KW}}{3} = 10 \text{ KW}$$

Cada resistencia está sometida a la tensión de fase, que en este caso coincide con la de línea. La corriente que aparece en cada una de ellas es:

$$I_f = \frac{P'}{V_f} = \frac{10.000}{380} = 26,3 \text{ A}$$

Si ahora aplicamos la ley de Ohm obtendremos el valor de la resistencia:

$$R = \frac{V_f}{I_f} = \frac{380}{26,3} = 14,4\ \Omega$$

 

# Cargas monofásicas repartidas equilibradamente en la línea

Siempre que se conectan receptores monofásicos a una red trifásica existe el riesgo de provocar desequilibrios entre las fases si no se reparten equitativamente la potencia de las cargas entre las tres fases. Así, por ejemplo, en el cuadro de contadores de un gran edificio de viviendas se parte de una línea trifásica con neutro, de la cual se toman diferentes líneas monofásicas conectando cualquiera de las tres fases más el neutro. En este caso es muy difícil repartir equitativamente las cargas, ya que los consumos de las diferentes viviendas son imprevisibles. Aunque sí se intenta que queden igual número de abonados conectados en cada fase. En cualquier caso es muy importante que cuando se alimentan receptores monofásicos desde una línea trifásica se procure repartir lo más equitativamente posible las cargas.

En el estudio que aquí vamos hacer siempre vamos a tener en cuenta que las cargas quedan perfectamente repartidas en las tres fases.

Los receptores monofásicos se pueden conectar a una línea trifásica de dos formas diferentes:

a. **Directamente entre las fases de la línea**. En este caso los receptores quedan sometidos a la tensión de línea.

b. **Entre la fase y el neutro de la línea**. Para hacer posible esta conexión necesitamos que el conductor neutro esté disponible en la línea. La tensión a que quedan sometidos cada uno de los receptores se corresponde con la de fase, que como ya sabemos es raíz de tres veces inferior a la de línea.

Siempre que las cargas estén conectadas de forma equilibrada podremos utilizar las mismas expresiones de potencia que hemos utilizado hasta ahora para cargas conectadas en estrella y triángulo.

# Ejemplos

**6.8** Se conectan a una red trifásica con neutro y con una tensión entre fases de 380 V, 3 motores monofásicos de 1.000 W, 220 V, $\cos \varphi = 0{,}6$ cada uno. Averiguar: la corriente por la línea que los alimenta.

**Solución:** Como los motores funcionan a 220 V, es decir a la tensión de fase. ($V_f = 380/\sqrt{3} = 220$ V), se ha conectado un motor entre cada fase y neutro con el fin de repartir equitativamente las cargas (Figura 6.17).

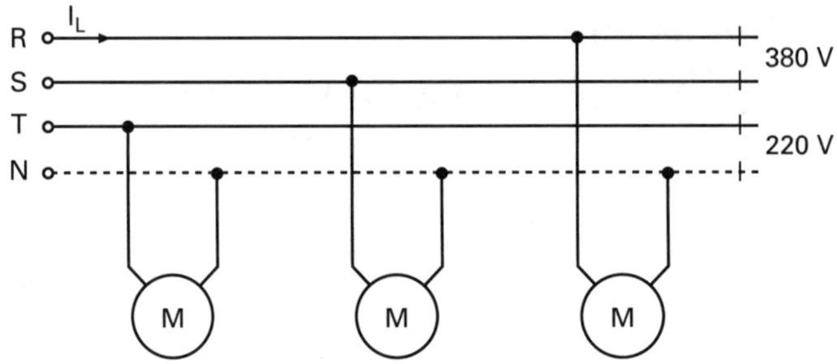


**Figura 6.17**

La potencia total conectada a la red trifásica es de:

$$P = 3 \cdot 1.000 \text{ W} = 3.000 \text{ W}$$

Para calcular la intensidad de línea nos valemos de la fórmula general de potencia trifásica:

$$P = \sqrt{3} \cdot V_L \cdot I_L \cdot \cos\varphi \Rightarrow I_L = \frac{P}{\sqrt{3} \cdot V_L \cdot \cos\varphi} = \frac{3.000}{\sqrt{3} \cdot 380 \cdot 0,6} = 7,6 \text{ A}$$

**6.9** Se necesitan conectar 30 lámparas de vapor de mercurio de 250 W, 380 V, $\cos\varphi = 0{,}6$ a una red trifásica con una tensión entre fases de 380 V. Mostrar la conexión de las mismas para conseguir que la carga esté equilibrada y averiguar la corriente por la línea que las alimenta.

**Solución:** Como las lámparas funcionan a 380 V, es decir, a la tensión de línea, se han conectado 3 grupos de 10 lámparas entre cada dos fases, con el fin de repartir equitativamente las cargas (Figura 6.18).

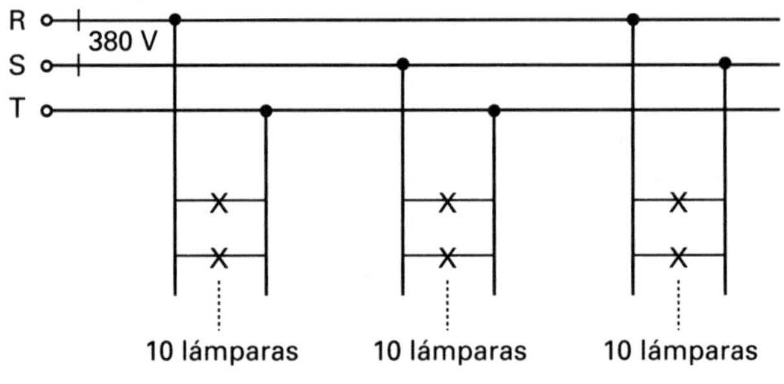


**Figura 6.18**

La potencia total conectada a la red trifásica es de: $P = 30 \cdot 250 \text{ W} = 7.500 \text{ W}$

Para calcular la intensidad de línea nos valemos de la fórmula general de potencia trifásica:

$$P = \sqrt{3} \cdot V_L \cdot I_L \cdot \cos\varphi \Rightarrow I_L = \frac{P}{\sqrt{3} \cdot V_L \cdot \cos\varphi} = \frac{7.500}{\sqrt{3} \cdot 380 \cdot 0,6} = 19 \text{ A}$$

 

# Corrección del factor de potencia en C.A. trifásica

La corrección del factor de potencia en los sistemas trifásicos es más importante, si cabe, que en los monofásicos, ya que la mayor parte de los suministros de energía eléctrica se hace a través de una línea trifásica. Hoy en día se ha extendido la utilización de baterías automáticas de condensadores conectadas al principio de la instalación, que corrigen automáticamente las variaciones del factor de potencia, consiguiendo mantener éste en valores próximos a la unidad.

Las baterías de condensadores se conectan en estrella (Figura 6.19) o en triángulo (Figura 6.20). Dado que la característica fundamental para la adquisición de las mismas es su potencia reactiva, en los ejemplos que resolveremos a continuación, no tendremos en cuenta la forma de conexión.

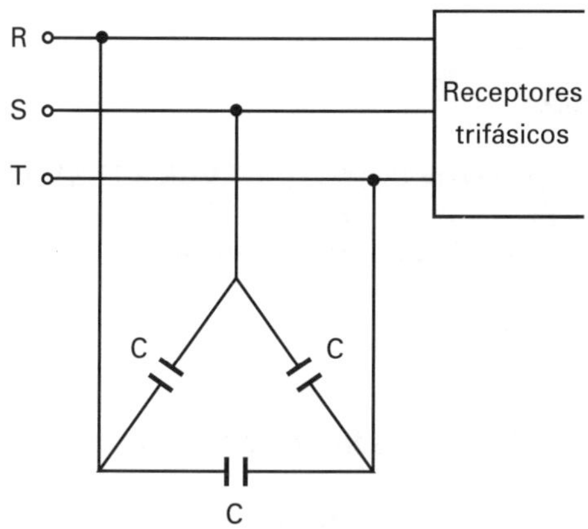


**Figura 6.19**

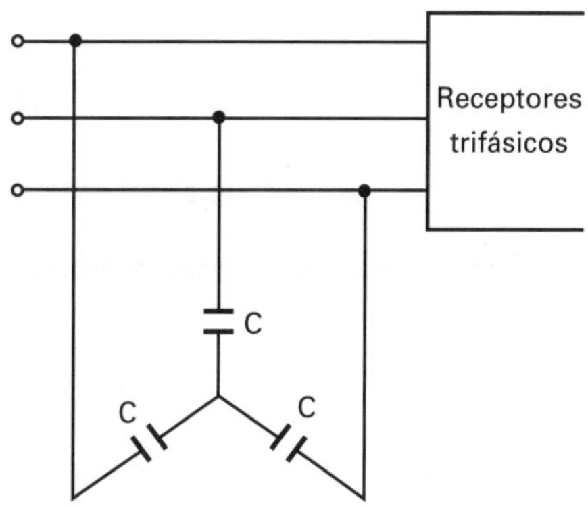


**Figura 6.20**

Para calcular la potencia reactiva de la batería trifásica utilizaremos un procedimiento similar al utilizado en circuitos monofásicos.

# Ejemplos

**6.10** Una instalación industrial posee una potencia de 20 KW a 380 V y con un factor de potencia de 0,75. Se trata de calcular la potencia reactiva que deberá poseer una batería de condensadores automática para conseguir mejorar el factor de potencia hasta 0,95. Determinar también la corriente por la línea antes y después de mejorar el factor de potencia, así como la corriente de línea de la batería de condensadores (Figura 6.21).

**Solución**: Para calcular la potencia reactiva de la batería de condensadores $Q_C$ necesaria para elevar el factor de potencia de 0,75 hasta 0,95 utilizaremos la misma expresión que en los circuitos monofásicos. Para ello, determinaremos primero los ángulos que se corresponden con estos factores de potencia.

Al $\cos \varphi = 0{,}75$ le corresponde un ángulo $\varphi$ de $41{,}4\,°$

Al $\cos \varphi' = 0{,}95$ le corresponde un ángulo $\varphi'$ de $18{,}2\,°$

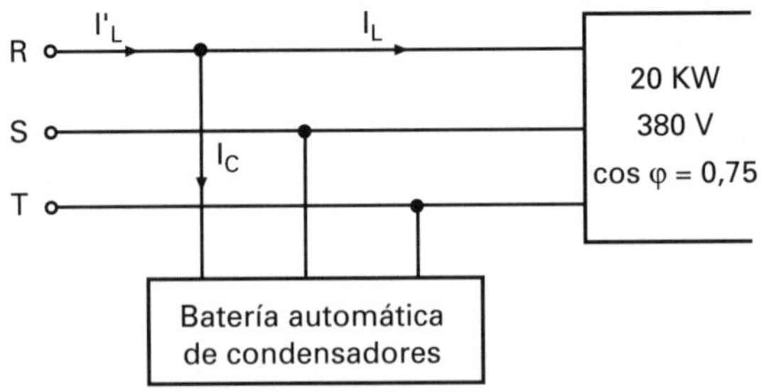


**Figura 6.21**

$$Q_C = P \cdot \text{tg}\,\varphi - P \cdot \text{tg}\,\varphi' = 20.000 \cdot \text{tg}\,41{,}4\,° - 20.000 \cdot \text{tg}\,18{,}2\,° = 11.057 \text{ VAR} = 11 \text{ KVAR}$$

La corriente de línea antes de la mejora del factor de potencia:

$$I_L = \frac{P}{\sqrt{3} \cdot V_L \cdot \cos \varphi} = \frac{20.000}{\sqrt{3} \cdot 380 \cdot 0{,}75} = 41 \text{ A}$$

La corriente de línea después de la mejora del factor de potencia:

$$I'_L = \frac{P}{\sqrt{3} \cdot V_L \cdot \cos \varphi'} = \frac{20.000}{\sqrt{3} \cdot 380 \cdot 0{,}95} = 32 \text{ A}$$

Observa como se ha conseguido reducir considerablemente la corriente por la línea al mejorar el factor de potencia.

La corriente por la línea que alimenta a la batería de condensadores la calculamos teniendo en cuenta su potencia reactiva y que el ángulo de desfase provocado por los mismos es de 90 °.

$$Q_C = \sqrt{3} \cdot V_L \cdot I_{LC} \cdot \text{sen}\,\varphi_C \Rightarrow I_{LC} = \frac{Q_C}{\sqrt{3} \cdot V_L \cdot \text{sen}\,\varphi_C} = \frac{11.057}{\sqrt{3} \cdot 380 \cdot \text{sen}\,90°} = 17 \text{ A}$$

# Cálculo de líneas trifásicas con varios receptores

Por lo general las instalaciones eléctricas están compuestas por varias cargas trifásicas y monofásicas conectadas a la misma línea. Para calcular la corriente eléctrica total por la línea, el factor de potencia total de la instalación y la potencia total instalada procederemos exactamente igual que lo hicimos con las instalaciones monofásicas. Primero se obtienen por separado las potencias activas y reactivas de cada carga, para después sumarlas y con el triángulo de potencias obtener la potencia aparente total, el *FP* total y la corriente total de línea. Veamos un ejemplo.

# Ejemplos

**6.11** La instalación de una nave industrial consta de los siguientes receptores:

**a.** motor trifásico de 5 KW, $\cos \varphi = 0{,}85$;

**b.** 3 motores trifásicos de 3 KW, $\cos \varphi = 0{,}8$;

**c.** horno trifásico de 5 KW;

**d.** 15 motores monofásicos de 2 KW, $\cos \varphi = 0{,}65$;

**e.** 9 calefactores monofásicos de 1 KW. La tensión de línea es de 380 V y se trata de calcular: la potencia total instalada, factor de potencia de la instalación, corriente por la línea y potencia reactiva de la batería de condensadores para mejorar el factor de potencia a 0,95.

**Solución:** Comenzaremos por calcular la potencia activa y reactiva de cada carga:

**a.** La potencia activa del motor es: $P_1 = 5.000$ W

La potencia reactiva la calculamos con la siguiente expresión obtenida del triángulo de potencias: $Q_1 = P_1 \cdot \text{tg}\, \varphi_1 = 5.000 \cdot \text{tg}\, 31{,}8\,° = 3.100$ VAR

El ángulo $\varphi_1$ que le corresponde al $\cos \varphi_1 = 0{,}85$ es $31{,}8\,°$

**b.** La potencia activa de los tres motores es: $P_2 = 3 \cdot 3.000 = 9.000$ W

$Q_2 = P_2 \cdot \text{tg}\, \varphi_2 = 9.000 \cdot \text{tg}\, 36{,}9\,° = 6.750$ VAR

El ángulo $\varphi_2$ que le corresponde al $\cos \varphi_2 = 0{,}8$ es $36{,}9\,°$

**c.** La potencia activa del horno es: $P_3 = 5.000$ W

$Q_3 = 0$ VAR (recuerda que las cargas resistivas no producen potencia reactiva).

**d.** Los 15 motores monofásicos se conectan entre las fases a razón de 5 motores entre cada dos fases diferentes, consiguiendo así una carga equilibrada.

$P_4 = 15 \cdot 2.000 = 30.000$ W

$Q_4 = P_4 \cdot \text{tg}\, \varphi_4 = 30.000 \cdot \text{tg}\, 49{,}5\,° = 35.125$ VAR

El ángulo $\varphi_4$ que le corresponde al $\cos \varphi_4 = 0{,}65$ es $49{,}5\,°$

**e.** Los nueve calefactores monofásicos se conectan en grupos de 3 por cada dos fases diferentes.

$P_5 = 9 \cdot 1.000 = 9.000$ W

$Q_5 = 0$ VAR

Procederemos ahora a la suma de las potencias:

$P_T = P_1 + P_2 + P_3 + P_4 + P_5 = 5.000 + 9.000 + 5.000 + 30.000 + 9.000 = 58.000$ W

$Q_T = Q_1 + Q_2 + Q_3 + Q_4 + Q_5 = 3.100 + 6.750 + 0 + 35.125 + 0 = 44.975$ W

$$S_T = \sqrt{P_T^2 + Q_T^2} = \sqrt{58.000^2 + 44.975^2} = 73.394 \text{ VA}$$

$$\cos \varphi_T = \frac{P_T}{S_T} = \frac{58.000}{73.394} = 0,79$$

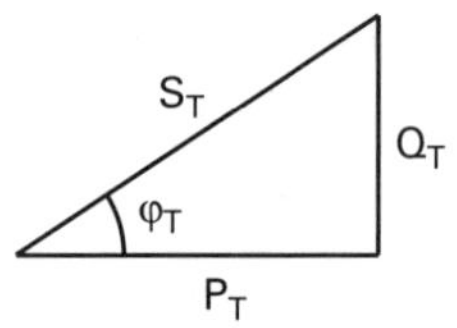


**Figura 6.22**

Ahora ya podemos calcular la corriente total por la línea:

$$I_L = \frac{P_T}{\sqrt{3} \cdot V_L \cdot \cos \varphi_T} = \frac{58.000}{\sqrt{3} \cdot 380 \cdot 0,79} = 112 \text{ A}$$

Calcularemos ahora la potencia reactiva de la batería de condensadores para mejorar el factor de potencia de la instalación hasta 0,95:

Al $\cos \varphi = 0,79$ le corresponde un ángulo $\varphi$ de 37,8 °

Al $\cos \varphi' = 0,95$ le corresponde un ángulo $\varphi'$ de 18,2 °

$Q_C = P \cdot \text{tg}\,\varphi - P \cdot \text{tg}\,\varphi' = 58.000 \cdot \text{tg}\,37,8° - 58.000 \cdot \text{tg}\,18,2° = 25.920 \text{ VAR} = 26 \text{ KVAR}$

# Caída de tensión en líneas de C.A. trifásica

Al igual que ocurría en las líneas monofásicas, en las líneas trifásicas aparece una caída de tensión en cada uno de los conductores de línea igual a: ($\Delta V_f = R_L \cdot I_L \cdot \cos \varphi$). Esta tensión se restará a la tensión de fase (tensión entre fase y neutro). La caída de tensión que aparecerá entre fases será $\sqrt{3}$ mayor que la de fase ( $\Delta V_L = \sqrt{3} \cdot \Delta V_f$ ), resultando:

$$\Delta V = \sqrt{3} \cdot R_L \cdot I_L \cdot \cos \varphi$$

$\Delta V$ = *caída de tensión* (V)
$R_L$ = *Resistencia de la línea*
$I_L$ = *Intensidad por la línea*
$\cos \varphi$ = *FP de la carga*

Como en otras ocasiones, la sección del conductor la deducimos a partir de la expresión de la resistencia de un conductor:

$R_L = \rho \cdot \frac{L}{S}$ que, al sustituirla en la expresión anterior, nos dará el valor de la sección:

$$S = \frac{\sqrt{3} \cdot \rho \cdot L \cdot I_L \cdot \cos \varphi}{\Delta V}$$

S = *Sección del conductor* ($mm^2$)
$\rho$ = *resistividad del conductor* ($\Omega \cdot mm^2/m$)
$L$ = *Longitud de la línea* (m)
$I_L$ = *Intensidad por la línea* (A)
$\cos \varphi$ = *FP de la carga*
$\Delta V$ = *caída de tensión de línea* (V)

# Ejemplos

**6.12** La acometida de un edificio de viviendas consta de 3 conductores más el neutro y posee una longitud de 50 m. La potencia prevista para el edificio es de 35 KW con un factor de potencia de 0,85. Se trata de calcular la sección de los conductores de la línea teniendo en cuenta que la caída de tensión no puede superar el 1% de la de alimentación. La tensión de alimentación entre fases es de 400 V y los conductores son unipolares de PVC e instalados bajo tubo, empotrado.

**Solución:** Primero calculamos la corriente de línea.

$$I_L = \frac{P}{\sqrt{3} \cdot V_L \cdot \cos \varphi} = \frac{35.000}{\sqrt{3} \cdot 400 \cdot 0,85} = 59 \text{ A}$$

La caída de tensión en voltios máxima permitida es:

$$\Delta V = \frac{400}{100} \cdot 1 = 4 \text{ V}$$

Ahora calculamos la sección:

$$S = \frac{\sqrt{3} \cdot \rho \cdot L \cdot I_L \cdot \cos \varphi}{\Delta V} = \frac{\sqrt{3} \cdot 0,017 \cdot 50 \cdot 59 \cdot 0,85}{4} = 18 \text{ mm}^2$$

La sección comercial que le corresponde es de 25 $mm^2$.

Como la corriente permitida para tres conductores unipolares de PVC bajo tubo empotrado de 25 $mm^2$ es de 77 A se puede dar por válido este resultado.

## Resúmen de Conceptos

Los **sistemas trifásicos de C.A.** son los más utilizados en generación, transporte y distribución de la energía eléctrica. Entre las ventajas que presenta este sistema son destacables: disposición de dos tensiones diferentes, ahorro en la sección de los conductores en líneas trifásicas, mayor rendimiento y mejora de las características en alternadores, transformadores y motores.

Un **alternador trifásico** proporciona en su salida tres tensiones senoidales del mismo valor eficaz y frecuencia y desfasadas entre sí un ángulo de 120 °.

Denominamos **tensión de línea** $V_L$ a la tensión que aparece entre cualquiera de los conductores de la fases R, S, T de una línea trifásica y **tensión de fase** $V_f$ a la tensión que aparece entre los extremos de cada fase.

A la corriente que parte de la línea hacia la carga se le denomina **corriente de línea** $I_L$ y a la corriente que fluye por cada una de las fases de la carga se le denomina **corriente de fase** $I_f$.

Para una carga conectada en estrella: $V_L = \sqrt{3} \cdot V_f$ $\quad I_L = I_f$

Para una carga conectada en triángulo: $V_L = V_f$ $\quad I_L = \sqrt{3} \cdot I_f$

Para calcular la **potencia de un carga trifásica equilibrada**, esté conectada en estrella o en triángulo, se emplean las siguientes expresiones:

Potencia activa: $P = \sqrt{3} \cdot V_L \cdot I_L \cdot \cos \varphi$ (W)

Potencia reactiva: $Q = \sqrt{3} \cdot V_L \cdot I_L \cdot \text{sen}\, \varphi$ (VAR)

Potencia aparente: $S = \sqrt{3} \cdot V_L \cdot I_L$ (VA)

Para el **cálculo de la sección de conductores** de líneas trifásicas para no sobrepasar una determinada caída de tensión se emplea la expresión:

$$S = \frac{\sqrt{3} \cdot \rho \cdot L \cdot I_L \cdot \cos \varphi}{\Delta V}$$

 

# Actividades

**6.1.** Conecta tres lámparas incandescentes en estrella a una línea trifásica y con un voltímetro comprueba experimentalmente la relación existente entre la tensión de línea y de fase. A continuación mide la corriente de línea y calcula la potencia.

Conecta otras tres lámparas incandescentes en triángulo y con un amperímetro comprueba experimentalmente la relación existente entre la corriente de línea y la de fase. A continuación, mide la tensión de línea y calcula la potencia.

Indica las respuestas correctas a las siguientes cuestiones.

**6.2.** ¿Qué ventajas presenta el alternador conectado en estrella frente al conectado en triángulo?

**a.** ❑ Presenta un mejor rendimiento.

**b.** ❑ Disponibilidad del conductor neutro y posibilidad de puesta a tierra del mismo.

**c.** ❑ Reduce considerablemente la distorsión en las tensiones de fase.

**6.3.** En una carga trifásica conectada en triángulo:

**a.** ❑ La tensión de fase es igual que la de línea.

**b.** ❑ La corriente de fase es raíz de tres veces inferior a la de línea.

**c.** ❑ La corriente de línea es igual que la de fase.

**6.4.** En un carga conectada en estrella:

**a.** ❑ La tensión de fase es raíz de tres veces inferior a la de línea.

**b.** ❑ La corriente de fase es raíz de tres veces inferior a la de línea.

**c.** ❑ La corriente de fase es igual que la de línea.

**6.5.** ¿Qué desfase aparece entre las tensiones de fase de una alternador?

**a.** ❑ 30 °

**b.** ❑ 90 °

**c.** ❑ 120 °

**6.6.** ¿Qué desfase aparece entre las tensiones de línea y de fase que proporciona un alternador conectado en estrella?

**a.** ❑ 30 °

b. ❑ 90 °

c. ❑ 120 °

**6.7.** Se conecta un motor trifásico a una línea trifásica de 230 V, 50 Hz, cos φ = 0,83, y se mide una corriente por los conductores de alimentación de 15 A. Averiguar la potencia activa, reactiva y aparente del mismo.

**Resultado:** $P$ = 4.959 W; $Q$ = 3.333 VAR; $S$ = 5.976 VA

**6.8.** Un motor trifásico de 6 KW; 50 Hz; cos φ = 0,83; 400 V tiene los bobinados conectados en estrella. Calcular: la corriente de línea y de fase, la tensión a la que quedan sometidos cada una de las bobinas del motor, potencia reactiva y aparente.

**Resultado:** $I_L = I_f$ = 10,4 A; $V_f$ = 400 V, $Q$ = 4.038 VAR; $S$ = 7.240 VA

**6.9.** Un horno trifásico consta de tres resistencias conectadas en triángulo. Al aplicarle una tensión entre fases de 230 V aparece una corriente por fase de 20 A. Calcular: la intensidad de línea, la potencia activa, reactiva y aparente.

**Resultado:** $I_L$ = 34, 6 A; $P$ = 13.800 W; $Q$ = 0 VAR; $S$ = 13.800 VA

**6.10.** En una acometida trifásica con carga equilibrada a 3 hilos se mide una potencia en la línea de 50 KW, una intensidad de 100 A y una tensión de 400 V. Averiguar el factor de potencia de la carga.

**Resultado:** 0,72

**6.11.** Una instalación industrial posee una potencia instalada de 35 KW, con un factor de potencia de 0,75, se alimenta a través de un transformador trifásico con una tensión de salida de 380 V en el secundario. Averiguar: **a.** la potencia nominal del transformador en KVA y corriente nominal; **b.** nuevas características del transformador si se corrige el *FP* de la instalación a 0,98 mediante una batería automática de condensadores conectada en el lado de alta tensión.

**Resultado:** **a.** $S$ = 47 KVA; $I_L$ = 71 A
**b.** $S'$ = 36 KVA; $I'_L$ = 54 A

**6.12.** Un horno eléctrico consta de 3 resistencias de 15 Ω. Determinar la potencia que desarrollará al conectarlo a una línea trifásica de 400 V cuando se las conecte en: **a.** estrella, **b.** triángulo.

**Resultado:** **a.** $P$ = 10.580 W, **b.** 32.000 W

**6.13**. Una red trifásica alimenta a 6 motores monofásicos 3 KW, cos φ = 0,75, 125 V cada uno, conectados entre cada fase y el neutro. Determinar la corriente por la línea y por el neutro, así como la potencia reactiva que deberá poseer la batería de condensadores para corregir el *FP* A 0,94

**Resultado:** $I_L$ = 64 A; $I_N$ = 0; $Q_C$ = 9,3 KVAR

**6.14**. Un taller electromecánico demanda una potencia de 70 KW a 400 V en corriente alterna trifásica. Las lecturas del consumo en dos meses son para el contador de activa de 3.768 KWh y para el de reactiva de 2.578 KVAR. Calcular: **a.** el *FP* medio en dicho período de facturación; **b.** característica de batería de condensadores para mejorar el *FP* hasta 0,95.

**Resultado: a.** cos φ = 0,83; **b.** $Q_C$ = 24 KVAR

**6.15**. La línea de acometida de una instalación industrial es trifásica con neutro a 380 V, 50 Hz, la cual alimenta la siguientes cargas: (1) motor trifásico de 11 KW, 380 V, cos φ = 0,8; (2) motor trifásico de 8 KW, 380 V, cos φ = 0,85; (3) 150 lámparas incandescentes de 60 W, 220 V; (4) 250 lámparas de vapor de mercurio de 100 W, cos φ = 0,6; 220 V. Teniendo en cuenta que las cargas monofásicas se han conectado de forma equilibrada, calcular la potencia total instalada, el *FP* y la intensidad de línea del conjunto de la instalación.

**Resultado:** $P_T$ = 53 KW; $Q_T$ = 46,5 KVAR; $S_T$ = 70,5 KVA;
cos $\varphi_T$ = 0,75; $I_L$ = 107 A.

**6.16**. Para la acometida de una superficie comercial se ha instalado una línea trifásica de 150 m de longitud y con una sección de 50 mm$^2$. La tensión entre fases es de 400 V y la potencia instalada es de 35 KW con un cos φ = 0,85 . Determinar el valor porcentual de la caída de tensión que produce esta línea.

**Resultado:** ΔV% = 1,12%

**6.17**. Para la instalación de una motobomba se tiende una línea consistente en 3 conductores de cobre aislados con PVC instalados bajo tubo. La línea posee 75 m de longitud. Teniendo en cuenta que las características de la motobomba son: 9 KW, 220 V, *FP* = 0,87 y que se admite una caída de tensión como máximo del 1%, calcular la sección que deberán poseer los conductores de la línea de alimentación.

**Resultado:** 25 mm$^2$

# 7 Circuitos rectificadores

Como ya hemos podido estudiar, la manera más común de disponer de la energía en los centros de consumo es en forma de corriente alterna monofásica o trifásica. Sin embargo, existen multitud de aplicaciones que requieren de un suministro de energía eléctrica en forma de C.C. El uso de dinamos para la producción de este tipo de energía, por sus grandes inconvenientes, ha caído en desuso. Para poder disponer de C.C. partiendo de C.A. monofásica o trifásica se utilizan unos equipos de conversión construidos con diodos semiconductores conocidos por el nombre de rectificadores.

Antes de pasar al estudio de los rectificadores veamos en qué consiste el diodo de unión construido con semiconductores.

## El Diodo de unión

El diodo es un elemento semiconductor que permite la circulación de corriente en un solo sentido (Figura 7.1).

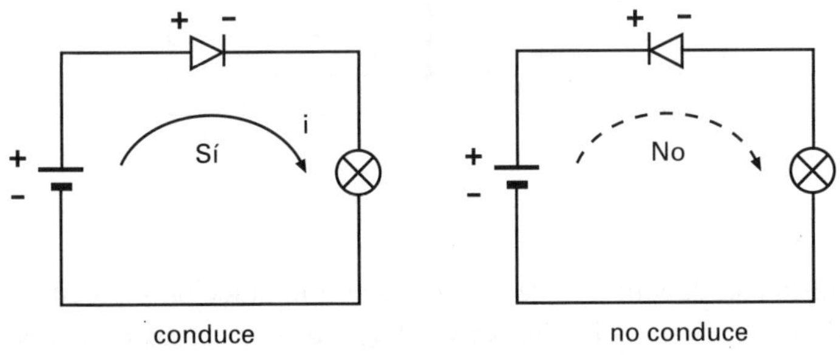


**Figura 7.1**

*Experiencia 7.1*

Consigue un diodo y conéctalo intercalado en el circuito de una pila y una lamparita (Figura 7.2).

Si conectas el cátodo del diodo (terminal negativo indicado por una raya en el componente) en el polo negativo de la pila, observarás que dicha lamparita se enciende. Sin embargo, si inviertes las conexiones del diodo la lamparita no se encenderá.

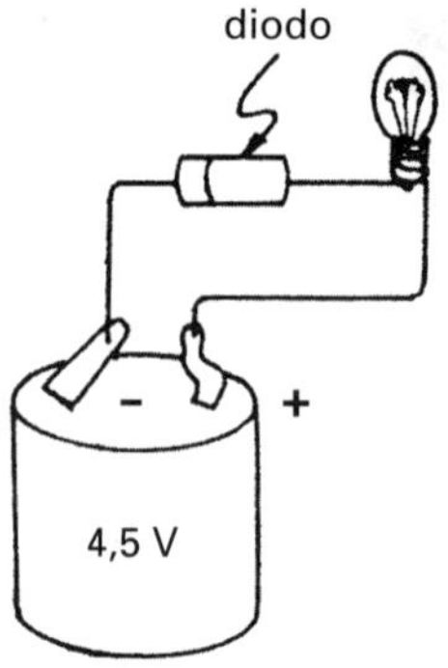


**Figura 7.2**

En definitiva el diodo actúa como un interruptor que permanecerá cerrado en caso de estar bien polarizado y abierto cuando la polarización esté invertida.

Esta propiedad es muy interesante y está motivada por la estructura interna del diodo. En efecto, este componente está constituido por la unión de dos cristales semiconductores, uno de tipo *P* y otro de tipo *N* (Figura 7.3).

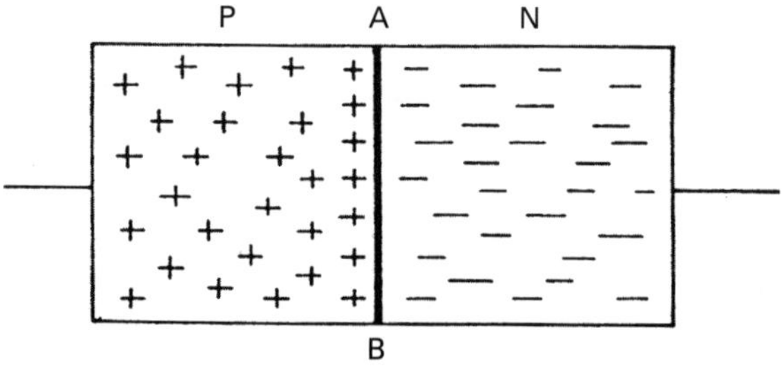


**Figura 7.3**

Estos cristales son de silicio o de germanio con la adicción de algún otro elemento que les confiere una cierta polaridad ya sea *P* (exceso de cargas positivas) o *N* (exceso de negativas).

Los semiconductores han revolucionado el mundo de la electrónica. Con ellos han aparecido los diodos y los transistores que han sustituido a las viejas válvulas electrónicas. Por otro lado, con la aparición de los circuitos integrados, que suplen la función de grandes cantidades de diodos, transistores, resistencias, condensadores y cualquier tipo de componente electrónico, se ha dado el gran paso hacia el futuro de la electrónica. Las ventajas que poseen los semiconductores es que son de reducido tamaño, pequeño consumo y bajo precio.

Pero, ¿qué es un semiconductor?

Existen ciertos cuerpos como, por ejemplo, el selenio, el germanio y el silicio en los que en condiciones normales son aislantes, pero con ciertas modificaciones de su organización molecular se pueden convertir en conductores. Esto es debido a que en su estructura cristalina no se dispone de electrones libres capaces de establecer una corriente eléctrica; sin embargo, los electrones de sus últimas órbitas pueden ser liberados artificialmente, por lo que se convierten en cuerpos conductores. El procedimiento más habitual para conseguirlo consiste en introducir en el interior de estos materiales sustancias con una estructura atómica determinada.

El diodo de unión se forma al juntar un cristal tipo *P* (con exceso de cargas positivas) con otro tipo *N* (con exceso de cargas negativas) (Figura 7.3). Da la impresión de que al juntar estos dos cristales de cargas opuestas, en la unión *AB* se producirá una neutralización de cargas, pero no es así ya que en dicha unión aparece una pequeña barrera por efecto de la repulsión que evita este fenómeno.

Ahora bien, si conectamos una batería al diodo (Figura 7.4), de tal forma que el polo positivo de éste coincida con el cristal tipo *P* y el negativo con el cristal tipo *N*, las cargas negativas serán repelidas hacia la superficie de la unión con gran fuerza y vencerán de este modo la barrera *AB*. Por tanto, se producirá una corriente eléctrica (corriente directa) a través del diodo, neutralizándose los electrones con las cargas positivas.

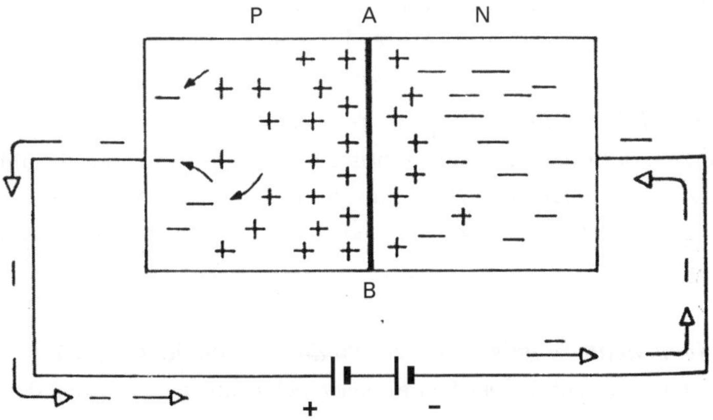


**Figura 7.4**

Veamos ahora qué pasaría si conectásemos la batería en sentido contrarió (Figura 7.5).

Los electrones libres del cristal *N* se sentirán atraídos por el polo positivo de la batería y las cargas positivas por el polo negativo de la misma, creándose en la unión *AB* una especie de vacío que evita la circulación de corriente a través del diodo. En este caso se ha conectado el diodo en sentido inverso. A pesar de ello siempre existe una pequeña corriente de fuga que recibe el nombre de *corriente inversa del diodo.* Esta corriente es del orden de unos nA.

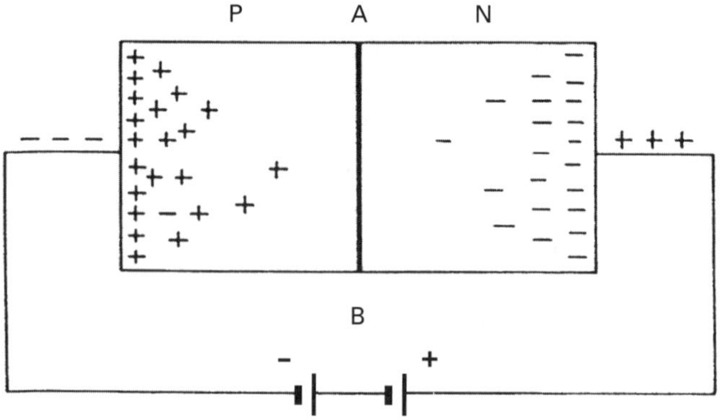


**Figura 7.5**

***Tensión inversa de ruptura de un diodo.*** Si se aumenta en exceso la tensión inversa aplicada al diodo, también lo hace la corriente, hasta que se llega a un valor $V_Z$, llamado tensión de ruptura del diodo. En este momento aparece un efecto de avalancha y aumenta bruscamente la intensidad de corriente inversa, lo que provoca la destrucción del diodo por la excesiva disipación de calor.

Por supuesto, la mayoría de los diodos no se les permite llegar a la ruptura. Para que esto no ocurra, es necesario diseñar las condiciones de trabajo del diodo con una tensión inversa siempre menor a su tensión de ruptura.

***Tensión umbral de un diodo*.** Cuando nosotros polarizamos directamente un diodo, éste no comienza a conducir de una forma apreciable hasta que le apliquemos la mínima diferencia de potencial de barrera. En el caso del germanio esta tensión es de 0,3 V y en el de silicio 0,7 V. Por debajo de esta tensión la corriente es muy pequeña y por encima aumenta considerablemente.

***Potencia y corriente nominal de un diodo*.** Un diodo se diseña para trabajar óptimamente en unas condiciones nominales determinadas. Existen dos formas de provocar la destrucción de un diodo:

- Exceder la tensión inversa de ruptura.
- Exceder la potencia máxima nominal.

Como ocurría con las resistencias, los diodos poseen una cierta capacidad de disipar el calor que se produce en su unión. Este calor depende de la potencia a la que trabaja el diodo, que depende, a su vez, del producto de la corriente por la tensión del mismo.

Si la potencia que se produce en el diodo es superior a la capacidad de disipación del mismo, éste aumentará excesivamente su temperatura y acabará deteriorándose.

Existen algunos fabricantes que especifican la potencia nominal de sus diodos en las hojas de información técnica. No obstante, lo normal es que en estas informaciones únicamente aparezca la corriente máxima de polarización directa. Bastará con no sobrepasar este valor para que en ningún caso se supere la potencia máxima nominal.

## Aplicación de los diodos a circuitos de rectificación

Como circuito rectificador se conoce aquél que tiene la función de convertir o rectificar la C.A. en C.C. Dependiendo del número de diodos que utilicemos y cómo los conectemos se pueden construir rectificadores de media onda y de onda completa, tanto para sistemas monofásicos como trifásicos.

## Circuito rectificador monofásico de media onda

Cuando se introduce una tensión de C.A. a la entrada del circuito, mostrado en la Figura 7.6 en la salida aparece una tensión de C.C. pulsante. La resistencia $R_L$ representa al receptor al que se le suministra C.C.

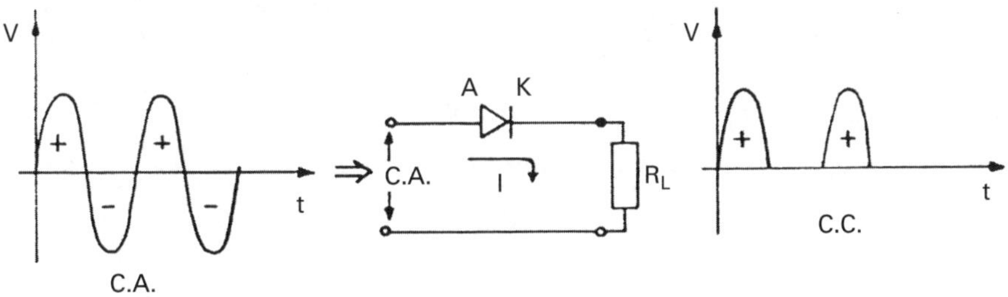


**Figura 7.6**

Este circuito funciona de la siguiente forma: En el momento en que los valores instantáneos de la tensión son positivos, y superiores a la tensión umbral del diodo (recuerda: 0,7 V para el silicio y 0,3 V para el germanio), éste se polariza directamente y, por tanto, aparece una corriente eléctrica por $R_L$. En el instante en que la tensión cambia de positiva a negativa, (siguiente semiciclo), el diodo queda polarizado inversamente y, no teniendo en cuenta la corriente de fuga, la corriente por $R_L$ se interrumpe. Por esta razón, este semiciclo no aparece en la curva de la tensión continua de la salida.

# Circuito rectificador monofásico de onda completa

El circuito rectificador de media onda no proporciona una corriente continua demasiado perfecta. Esto es debido a que sólo es rectificada la mitad de un ciclo de la corriente alterna.

Para mejorar la calidad de la tensión continua rectificada, de tal forma que queden rectificados tanto los semiciclos positivos como los negativos, se hace necesario utilizar otro tipo de circuitos, como el puente rectificador, denominados de onda completa. El puente rectificador consta de cuatro diodos (Figura 7.7) que en muchos casos se encierran en un componente compacto.

Veamos a continuación en qué consiste su funcionamiento.

En el semiciclo positivo los diodos $D_2$ y $D_3$ se polarizan directamente, lo que provoca la circulación de una corriente por la carga $R_L$ en la dirección que se muestra en la Figura 7.7 a. Por otro lado, los diodos $D_1$ y $D_4$ están polarizados inversamente y no conducen.

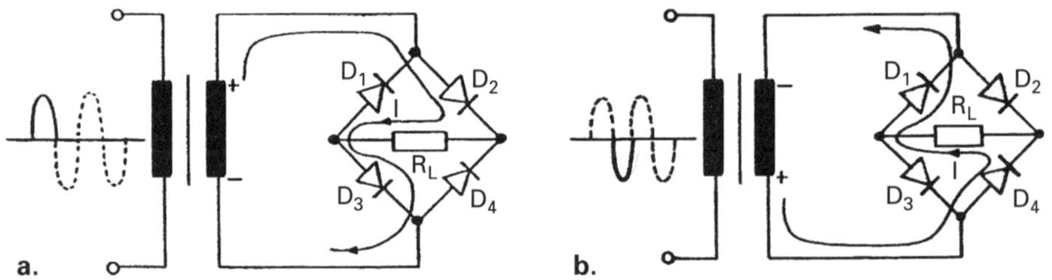


**Figura 7.7**

En el semiciclo negativo los diodos $D_1$ y $D_4$ comienzan a conducir por estar polarizados directamente, y dejan de hacerlo $D_2$ y $D_3$. La dirección de la corriente que se establece por $R_L$ es la misma que en el caso anterior (Figura 7.7 b).

En conclusión, la tensión que aparece en la carga posee siempre la misma polaridad, tal como se muestra en la Figura 7.8.

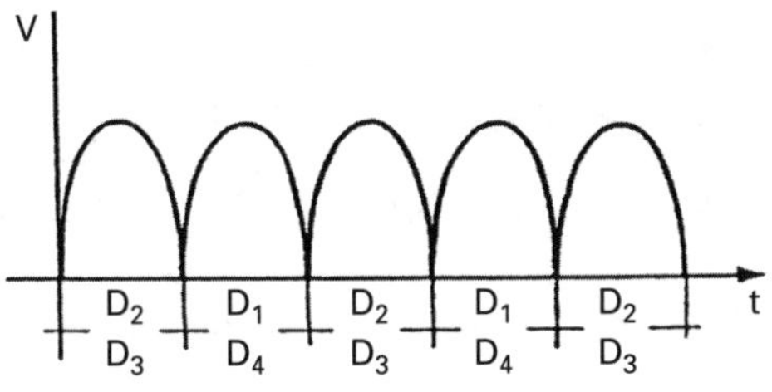


Tensión en $R_L$

**Figura 7.8**

# Circuito rectificador trifásico de media onda

Cuando se quieren obtener grandes potencias de salida de C.C. resulta más conveniente la utilización de circuitos rectificadores trifásicos. Mediante estos circuitos se consigue mejorar sensiblemente la uniformidad de la tensión continua de salida.

En la Figura 7.9 se muestra el circuito correspondiente a un rectificador trifásico de media onda. En él se conectan tres diodos a la salida de un transformador trifásico con el secundario conectado en estrella. De esta forma, los diodos se conectan a cada una de las tensiones de fase del transformador, constituyendo tres circuitos monofásicos de media onda.

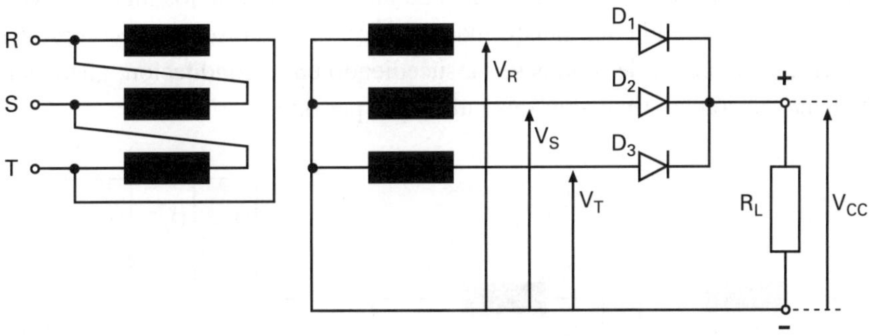


**Figura 7.9**

Como se aprecia en los gráficos de la Figura 7.10, correspondientes a la tensión de salida del rectificador, cada uno de los diodos conduce durante el tiempo que la tensión de fase correspondiente posee un valor más alto que las otras dos. La corriente fluye por cada uno de los diodos alternativamente, de tal forma que cada uno de los mismos sólo conduce durante un tercio de la corriente de salida. Para calcular la corriente por cada uno de los diodos habrá que dividir por tres la corriente por la carga.

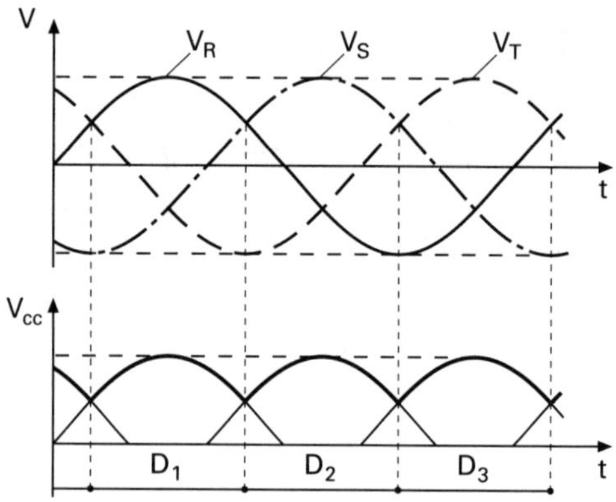


**Figura 7.10**

# Circuito rectificador de onda completa

Al igual que ocurría con los monofásicos, con este circuito rectificador se consigue una tensión continua de salida mucho más uniforme que con el de media onda. Además no requiere del neutro para su conexión. Por estas razones el rectificador de onda completa es que se emplea en aplicaciones industriales.

En la Figura 7.11 se muestra el circuito correspondiente a un rectificador trifásico de onda completa, donde se conectan tres pares de diodos rectificadores en paralelo con la carga a alimentar, conectándose los puntos de interconexión de los mismos a cada uno de los terminales de salida del transformador trifásico. Como se puede comprobar en la Figura 7.12, cada pareja de diodos se va sucediendo en la conducción, apareciendo en la salida una tensión continua con seis pulsos por período.

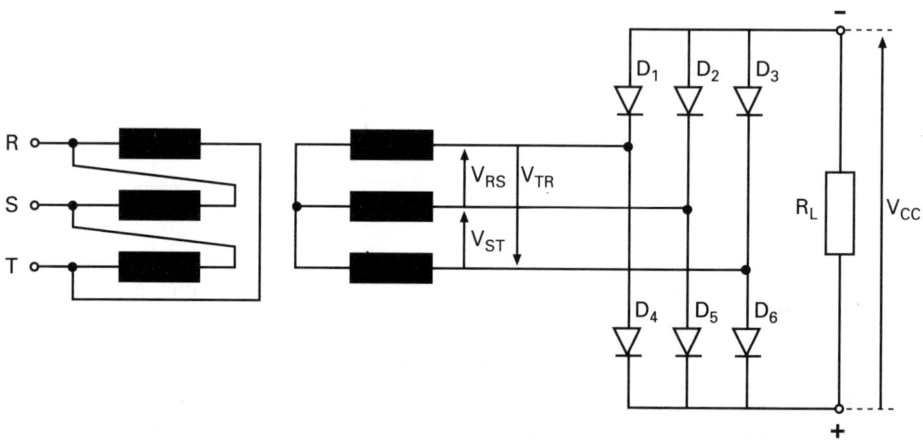


**Figura 7.11**

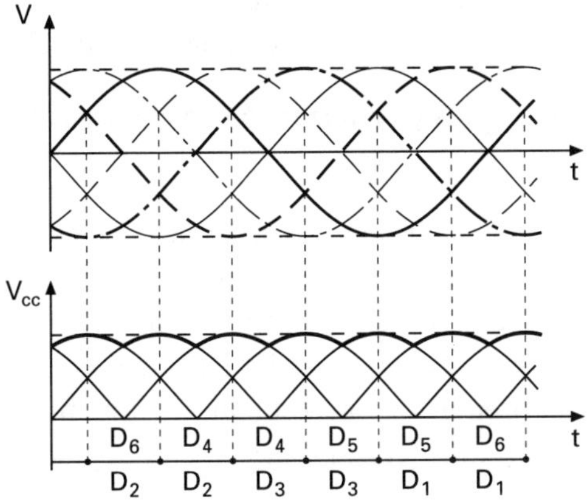


**Fugura 7.12**

# El filtrado

La corriente de salida de un rectificador no se corresponde a una corriente continua ideal, como por ejemplo la que proporcionan las pilas y acumuladores. Normalmente esta corriente es de tipo pulsatorio, lo cual implica que existen variaciones de amplitud en la misma. Este tipo de corriente no es muy recomendable en la mayoría de las aplicaciones, sobre todo para la alimentación de equipos electrónicos. Así, por ejemplo, si alimentásemos un amplificador de sonido, o un receptor de radio, con un circuito rectificador sin filtrado podríamos comprobar como aparece un zumbido de baja frecuencia en la salida del altavoz.

En la Figura 7.13 a se muestra el aspecto de una C.C. pura, tal como la proporciona una pila. En contraste, en la Figura 7.13 b aparece una C.C. pulsatoria procedente de un rectificador monofásico de onda completa.

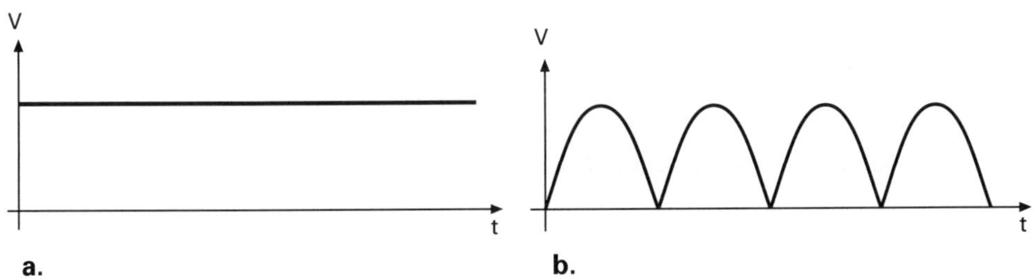


**Figura 7.13**

La misión de los circuitos de filtrado es la de reducir las variaciones de amplitud de la corriente y conseguir que ésta sea lo más constante posible en la carga a alimentar.

Cuando se consigue esto se dice que se ha reducido la componente de corriente alterna de la corriente de salida del rectificador, o que se ha reducido el ***rizado***.

Los circuitos de filtrado se pueden realizar con un condensador o con redes a base de inductancias y condensadores.

Por lo general, para conseguir los efectos de filtrado, se conecta un condensador de gran capacidad (normalmente electrolítico) en paralelo con la salida del rectificador. Evidentemente, el rizado que aparece en la tensión de salida será mucho más acentuado en el caso del rectificador de media onda que en el de onda completa. Por esta razón, nos concentraremos en el estudio de los filtros para estos últimos rectificadores, ya que son los que tienen más aplicaciones prácticas.

***Experiencia 7.2***

Consigue un puente rectificador encapsulado, aliméntalo con C.A. y conecta la salida de C.C. del mismo a una resistencia de carga. Seguidamente, mide con un osciloscopio la tensión en la resistencia de carga, visualizando la onda. A continuación, conecta un condensador de 1.000 μF en paralelo con la carga y repite la medida con el osciloscopio. Compara los resultados obtenidos en ambos casos (Figura 7.14).

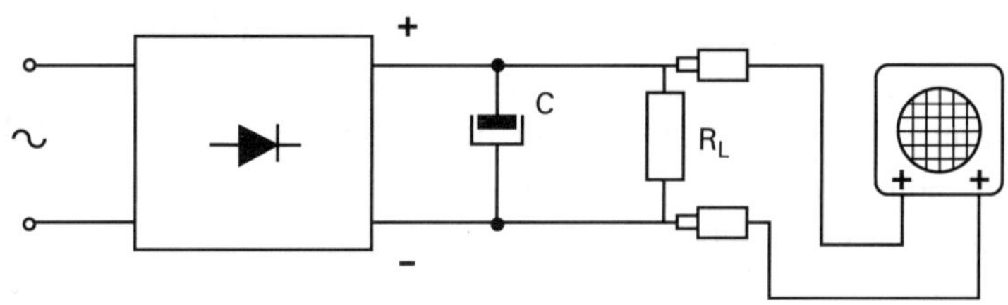


**Figura 7.14**

Habrás podido comprobar que la tensión que aparece ahora en la pantalla del osciloscopio ya no posee tantas ondulaciones y que el valor medio de la tensión de la tensión de salida ha aumentado.

El aspecto que tiene la tensión de salida en un circuito rectificador de onda completa con condensador de filtrado es como el que se muestra en la Figura 7.15.

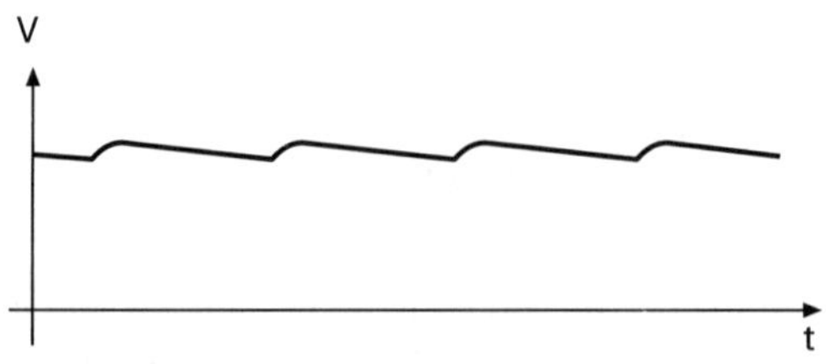


**Figura 7.15**

 

Para poder explicar cómo actúa el condensador en el filtrado, en la Figura 7.16 se muestra la tensión de salida del filtro en superposición con la tensión de rectificación de onda completa aplicada a la entrada de dicho filtro.

- 0 a $t_1$ → el rectificador conduce y se carga el condensador.
- $t_1$ a $t_2$ → el condensador se descarga y deja de conducir el rectificador.
- $t_2$ a $t_3$ → el rectificador conduce y se carga el condensador.
- $t_3$ a $t_4$ → el condensador se descarga y deja de conducir el rectificador.
- $t_4$ a $t_5$ → etc.

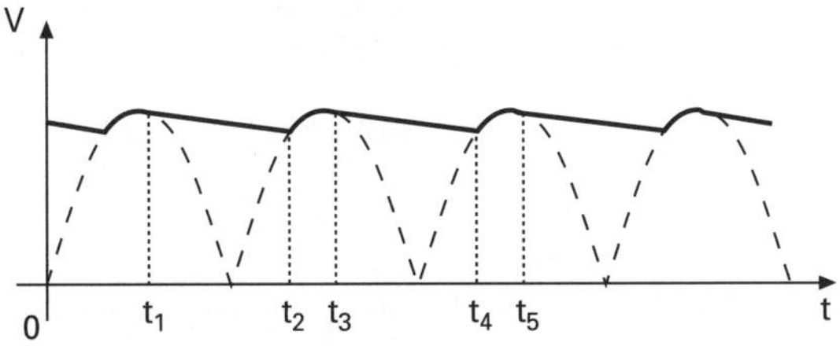


**Figura 7.16**

El funcionamiento de este filtro es como sigue:

En el primer instante (0 a $t_1$), los diodos del rectificador se polarizan directamente y el condensador se carga de energía mientras la tensión aplicada a sus bornes vaya en aumento. Una vez superada la tensión máxima ($t_1$), y mientras la tensión desciende de valor, los diodos del rectificador se polarizan inversamente, ya que la tensión con que ha quedado cargado el condensador es algo superior que la aplicada a los mismos. En consecuencia, los diodos dejan de conducir ($t_1$ a $t_2$) y el condensador descarga la energía acumulada por la resistencia de carga $R_L$. Este fenómeno se repite continuamente en cada uno de los ciclos de tensión pulsatoria de salida del rectificador, manteniendo así la tensión en la carga a un valor más constante.

Cuanto más constante sea esta tensión, más calidad de C.C. poseerá la tensión rectificada. Se dice, entonces, que se reduce el rizado de la misma.

El rizado que todavía perdura en la tensión de salida del filtro es debido a la carga y descarga del condensador. Un modo de aminorar el rizado consiste en aumentar el tiempo de descarga del condensador, lo cual se consigue con condensadores de gran capacidad, o lo que es lo mismo, aumentando la constante de tiempo de descarga, la cual está en función del producto de $R_L \cdot C$.

## Resúmen de Conceptos

Para poder disponer de C.C. partiendo de C.A. monofásica o trifásica se utilizan unos equipos de conversión construidos con diodos semiconductores conocidos por el nombre de **rectificadores**.

El **diodo** es un elemento semiconductor que permite la circulación de corriente en un solo sentido. Está constituido por la unión de dos cristales semiconductores, uno de tipo *P* (con exceso de cargas positivas) y otro de tipo *N* (con exceso de cargas negativas).

Para que el diodo conduzca polarizado en sentido directo necesita ser sometido a una **tensión mínima de polarización**, que en el caso del germanio es de 0,3 V y en el silicio de 0,7 V.

Si se aumenta en exceso la **tensión inversa** aplicada al diodo hasta alcanzar la tensión de ruptura, aparece un efecto de avalancha y aumenta bruscamente la intensidad de corriente inversa, lo que provoca la destrucción del mismo. Es importante no someter a los diodos a una tensión inversa superior a la indicada en sus características.

La **corriente nominal de un diod**o nos indica la corriente que puede fluir por él sin producirle sobrecalentamientos. Esta corriente aparece indicada en las características del mismo.

El circuito rectificador de onda completa proporciona una tensión continua de salida más perfecta que el de onda media, que puede ser mejorado con los rectificadores trifásicos.

La misión de los **circuitos de filtrado** es la de reducir las variaciones de amplitud de la corriente y conseguir que la corriente sea lo más constante posible en la carga a alimentar.

# Actividades

**7.1.** Consigue unos diodos y monta un circuito rectificador monofásico de media onda y otro de onda completa. Mide con un voltímetro la tensión de salida en ambos casos. Después conecta un osciloscopio a la salida de cada uno de los rectificadores y compara los resultados.

**7.2.** Realiza el mismo proceso que el propuesto en la actividad 7.1 con un circuito rectificador trifásico de media onda y otro de onda completa.

Indica las respuestas correctas a los siguientes cuestiones.

**7.3.** ¿A qué tensión de polarización comienzan a conducir los diodos de silicio?

**a.** ❑ 0,3 V
**b.** ❑ 1 V
**c.** ❑ 0,7 V

**7.4.** ¿A qué se debe una corriente inversa elevada por el diodo?

**a.** ❑ A la aplicación de una tensión directa también elevada.
**b.** ❑ A la aplicación de una tensión inversa también elevada.
**c.** ❑ A la elevación de la corriente por el diodo.

**7.5.** ¿Con qué sistema de rectificación se consigue una tensión de salida con menos rizado?

**a.** ❑ Rectificador monofásico de onda completa.
**b.** ❑ Rectificador trifásico de media onda.
**c.** ❑ Rectificador trifásico de onda completa.

# 8 Medidas eléctricas (I)

Algunos de los aparatos de medida más comunes, como voltímetros, amperímetros, vatímetros ya son conocidos por todos nosotros, puesto que han sido tratados en temas anteriores.

En este tema estudiaremos las técnicas más comunes para realizar las medidas eléctricas así como el funcionamiento básico de los aparatos de medida.

La medición de las diferentes magnitudes eléctricas de una instalación o aparato eléctrico nos ayudan a comprobar su buen funcionamiento, detectar y reparar averías, estudiar con detenimiento ciertos procesos que nos ayudan a diseñar instalaciones y dispositivos eléctricos, así como a evaluar su comportamiento ante eventuales cambios.

Siempre que se vaya a tomar una medida eléctrica nunca obtendremos el valor exacto de la misma. Esto es así porque siempre se cometen errores, como por ejemplo, que el aparato de medida no esté correctamente calibrado, que no se haya utilizado el método correcto, por falta de habilidad del operador que toma la medida, etc.

Dado que se cometen errores en las medidas eléctricas convendrá tener en cuenta una serie de aspectos a la hora de evaluar los resultados.

## Errores absolutos y relativos

El error absoluto que se comete en una medida es la diferencia entre el valor leído ($V_L$) por el aparato de medida y el valor real ($V_R$) de la misma.

$$E_{\text{ab}} = V_L - V_R$$

Para obtener el valor más aproximado al real utilizaremos un aparato de medida patrón de laboratorio.

# Ejemplos

**8.1** Para comprobar el error que comete un voltímetro se toma una medida de 100 V y luego se comprueba con un voltímetro de gran precisión la misma medida, dando como resultado 98 V. Determinar el error absoluto cometido por el voltímetro.

**Solución:** $E_{ab} = V_L - V_R = 100 - 98 = 2\ \text{V}$

Dado que el conocimiento del error absoluto no nos da una idea clara del error cometido, utilizaremos para ello el error relativo, que nos indica la relación porcentual entre el error absoluto y el valor real:

$$E_r\% = \frac{E_{ab}}{V_R} \cdot 100$$

# Ejemplos

**8.2** Averiguar el error relativo cometido en la medida del ejemplo 8.1.

**Solución:** $E_r\% = \frac{E_{ab}}{V_R} \cdot 100 = \frac{2}{98} \cdot 100 = 2\%$

# Precisión de un aparato de medida

Cuanto más preciso es un aparato de medida más nos acercaremos a la medida real. Para definir lo preciso que es un aparato de medida se utiliza el concepto de **clase**, que es el error absoluto máximo que puede cometer un aparato de medida referido al valor máximo de la escala ($V_{\text{máx}}$) de medida.

$$\text{Clase} = \frac{E_{\text{ab}\cdot\text{máx}}}{V_{máx}} \cdot 100$$

La clase suele aparecer inscrita en el aparato de medida o en la información técnica que proporciona el fabricante del mismo. En la práctica sólo se fabrican aparatos de medida de las siguientes clases de precisión: 0,1 - 0,2 - 0,5 - 1 - 1,5 - 2,5 - 5. Dependiendo del tipo de uso a que vayamos a destinar el aparato de medida, así seleccionaremos la clase más adecuada. Así, por ejemplo si necesitamos una gran precisión de medida para realizar ensayos de laboratorio utilizaremos aparatos de clase 0,1; 0,2 o 0,5.

## Ejemplos

**8.3** Para verificar la precisión de un amperímetro se le somete a una contrastación con un amperímetro patrón. De todos los valores obtenidos se observa que el mayor de los errores absolutos cometidos es de 0,5 A. ¿Cuál será la clase de este amperímetro si el valor máximo de su escala es de 50 A?

**Solución:**

$$\text{Clase} = \frac{E_{ab \cdot máx}}{V_{máx}} \cdot 100 = \frac{0{,}5}{50} \cdot 100 = 1$$

**8.4** Calcular el error máximo que puede cometer un voltímetro de clase 1 si el valor máximo que alcanza su escala es de 300 V.

**Solución:**

$$E_{ab \cdot máx} = \frac{\text{Clase} \cdot V_{máx}}{100} = \frac{1 \cdot 300}{100} = 3 \text{ V}$$

## Normas generales para la toma de medidas eléctricas

Antes de realizar la medida de una magnitud eléctrica habrá que tener en cuenta una serie de aspectos previos que nos garanticen el mejor resultado. Seguidamente exponemos algunas de estas consideraciones:

- Como no todos los aparatos de medida funcionan igual en C.A. que en C.C. habrá que seleccionar el tipo de corriente adecuado en cada caso.
- El campo de medida de una aparato de medida nos indica los valores entre los cuales mide el aparato con exactitud. Antes de realizar una medida habrá que prever con aproximación el orden de magnitud de la medida y con ello seleccionar el aparato más adecuado. Por ejemplo, supongamos que deseamos medir la tensión de una pila. Para ello, seleccionaremos un voltímetro de C.C. con un campo de medida de 0-5 V. Si utilizásemos un voltímetro con un campo de medida de 0-300 V, probablemente no hubiéramos apreciado la medida en la escala.
- Utilizaremos el aparato de medida de la clase adecuada según el orden de precisión que requiera la medida. Hay que tener en cuenta que cuanto más preciso sea el aparato más elevada resultará su adquisición. Así, por ejemplo, no merecerá en ningún caso utilizar un aparato de clase 0,1 para medir la tensión en una línea de suministro eléctrico.
- Conviene controlar periódicamente los instrumentos de medida, comprobando si mantienen su nivel de precisión.

## Instrumentos de medida analógicos y digitales

Los instrumentos de medida analógicos son aquéllos que presentan la medida mediante una aguja móvil que se desplaza por una escala graduada (véase Figura 8.1).

En los instrumentos de medida digitales el resultado de la medida se puede leer como una cifra numérica (dígitos) en una pantalla (véase Figura 8.2).

Figura 8.1

Figura 8.2

Los instrumentos de medida analógicos son los que más se han venido utilizando hasta ahora, aunque el abaratamiento de los circuitos integrados está haciendo que éstos queden cada vez más relegados por los digitales.

El principio general de funcionamiento de los aparatos analógicos es el siguiente (véase Figura 8.3): Por lo general, la corriente a medir se hace circular por una bobina que puede girar sobre un eje. Esta bobina se introduce en el seno de un campo magnético, que puede ser generado por un imán. La corriente a medir genera en la bobina móvil otro campo magnético que, al interactuar con el campo fijo del imán, produce una fuerza que tiende a desplazar a la bobina móvil en un determinado sentido. Solidaria a la bobina móvil se fija la aguja medidora sobre una escala graduada. Además se incluye un muelle, generalmente de forma circular, que se opone al movimiento de la aguja. La fuerza antagonista que desarrolla el muelle es proporcional a su estiramiento. Por otro lado, la fuerza que hace girar la aguja es proporcional a la corriente a medir. Cuando los pares de fuerzas de la bobina y del muelle antagonista se igualan se obtiene la medida leyendo el desplazamiento de la aguja sobre la escala graduada.

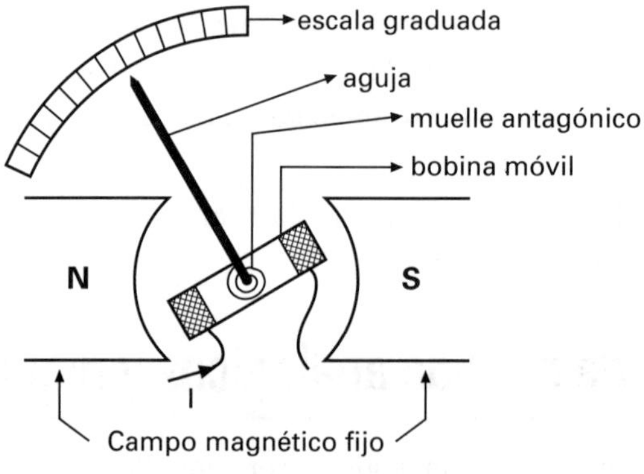


Figura 8.3

 

En los instrumentos digitales no existe ningún elemento mecánico. La medida se realiza gracias a complejos circuitos electrónicos en forma de circuitos integrados. El resultado de la medida se presenta en una pantalla o display en forma de cifra numérica o dígitos.

Los instrumentos de medida digitales presentan varias ventajas que les hace ideales para la mayoría de las aplicaciones. Por lo general, son más precisos que los analógicos. La lectura de la medida es mucho más cómoda, ya que leemos directamente la cifra en la pantalla sin tener que interpretar una escala graduada. Esto les hace ideales en su uso como aparatos portátiles, donde es muy importante tomar una lectura rápida y precisa de la medida. Son muy robustos, aguantan fuertes impactos y vibraciones sin alteración de su funcionamiento. Esto último se debe a que en su estructura no existen elementos móviles.

Los instrumentos de medida analógicos tienden a ser sustituidos cada vez más por los digitales, sobre todo en los aparatos de medida portátiles. Sin embargo, en los aparatos de medida que se insertan en los cuadros (aparatos de medida de cuadro) de control, mando y distribución de las instalaciones eléctricas, se siguen empleando los instrumentos analógicos. Hay que pensar que los aparatos de cuadro suelen estar dispuestos para que un operario con una visualización rápida revise el estado de todas las magnitudes eléctricas. Siempre es más visual, fotográfico y rápido de interpretar la situación en una determinada posición de una aguja sobre una escala de una aparato de medida analógico que la interpretación de una cifra numérica en uno digital.

# Posición de trabajo de los aparatos de medida

Los instrumentos de medida analógicos de cuadro no se pueden colocar en cualquier posición, ya que esto afecta al desplazamiento de la aguja. Para evitar errores en las medidas los fabricantes indican la posición a la que deben colocarse sus aparatos de medida (Figura 8.4 a). Para ello se utilizan los símbolos de la Figura 8.4 b.

a.

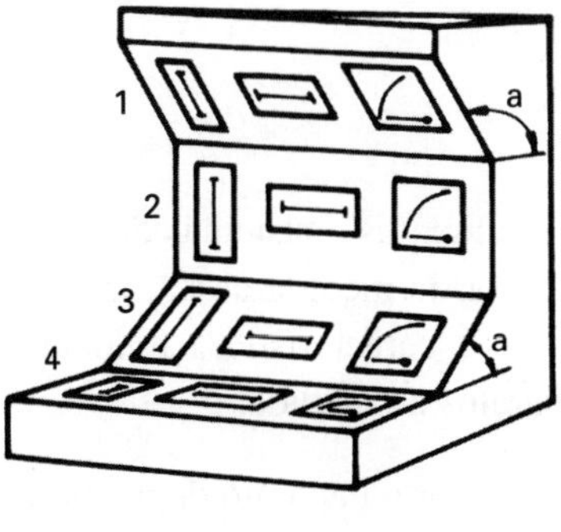


b.

| | |
|---|---|
| 1 | a > 90 ° |
| 2 | ⊥ |
| 3 | a < 90 ° |
| 4 | ⌐ |

Figura 8.4

# Escalas de un instrumento de medida analógico

Las escalas pueden ser uniformes (las divisiones siempre tienen la misma anchura y representan el mismo valor sobre la escala) o no uniformes. Lo más importante en el momento de interpretar una medida en una escala graduada es conocer la constante del instrumento, es decir qué medida representa cada división de la escala. Para obtener la constante del instrumento se divide el valor máximo del fondo de escala entre el número total de divisiones de la escala.

# Ejemplos

**8.5** Determinar la constante de la escala del voltímetro de la Figura 8.5 ¿Cuál será el resultado de la medida si la aguja se sitúa sobre la sexta división partiendo del cero?

**Solución:** El campo de indicación del voltímetro es de 0 V a 300 V y la escala posee 30 divisiones. La constante del instrumento es por tanto:

$$K = \frac{300}{30} = 10 \text{ V/división}$$

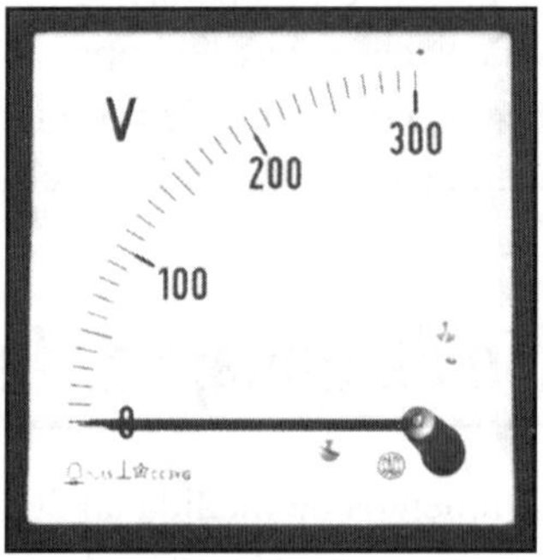


**Figura 8.5**

La medida resultante cuando la aguja recorre 6 divisiones es: $6 \cdot 10 = 60$ V

# Sistemas de medida

Existen una amplia variedad de instrumentos o sistemas de medida que mediante un determinado mecanismo consiguen tomar la medida de la magnitud eléctrica deseada. Vamos a estudiar los más básicos y sus características fundamentales, así como su aplicación para la construcción de aparatos de medida.

El tipo de sistema de medida utilizado por un aparato de medida se representa por un símbolo, que suele venir inscrito de forma visible en la pantalla del mismo. Antes de entrar en más detalles, en la Tabla 8.1 se expone un resumen con los sistemas de medida y su símbolo correspondiente:

| Sistema de medida | Símbolo | Sistema de medida | Símbolo |
|---|---|---|---|
| Bobina móvil |  | Bobina móvil con rectificador |  |
| Bobina móvil con convertidor incorporado |  | Hierro móvil |  |
| Electrodinámico |  | Ferrodinámico |  |
| Inducción |  | Conciencímetro de inducción |  |
| Bimetálico |  | Láminas vibrantes |  |

**Tabla 8.1**

***Bobina móvil.*** Este sistema de medida, también conocido por el nombre de cuadro móvil, es idéntico al utilizado como ejemplo para explicar el principio general de funcionamiento de los instrumentos de medida analógicos (véase Figura 8.3).

El sistema está formado por un imán permanente fijo. Dentro del campo magnético formado por el mismo se coloca la bobina móvil a la que se fija la aguja indicadora. Con el fin de asegurar que ningún campo magnético exterior altere el funcionamiento del aparato de medida, se coloca una carcasa magnética a todo el conjunto.

En el eje de giro de la bobina móvil se colocan dos muelles en espiral que además de producir la fuerza antagónica sirven de camino de entrada y salida a la corriente de la bobina. De esta manera, la corriente a medir fluye por la bobina, que al estar bajo la acción de un campo magnético, desarrolla una fuerza, proporcional a dicha corriente, que tiende a desplazar a la aguja hasta que se alcanza el punto de equilibrio entre dicha fuerza y la antagónica desarrollada por los muelles.

Es importante tener en cuenta que si se invierte el sentido de la corriente eléctrica también se invertirá el sentido de la fuerza motriz que desplaza la aguja. Es por eso que este sistema de medida sólo se puede utilizar para C.C. y para una polaridad determinada que deberá venir indicada claramente en las bornas de conexión del aparato.

Por último, indicar que, dado que la corriente se introduce a la bobina por los muelles, no es posible realizar medidas directas de grandes corrientes, ya que éstos se puede sobrecalentar y dilatar, produciendo errores en la medida. Los valores máximos que se miden son del orden de 0,1 A. Como ya estudiaremos más adelante, se puede ampliar el alcance de medida de estos aparatos mediante sistemas que derivan parte de la corriente por shunts.

El empleo de este sistema es muy amplio y se utiliza para la fabricación de voltímetros, milivoltímetros, amperímetros, miliamperímetros, microamperímetros, óhmetros, etc.

***Bobina móvil con rectificador***. Para poder utilizar el sistema de medida de bobina móvil en C.A. se conecta un puente rectificador (véase Figura 8.6) entre la magnitud a medir y el instrumento de medida. Para la calibración de este aparato se utiliza corriente alterna sinusoidal y su escala nos indica valores eficaces, por lo que si midiésemos una corriente alterna no sinusoidal se producirían errores considerables.

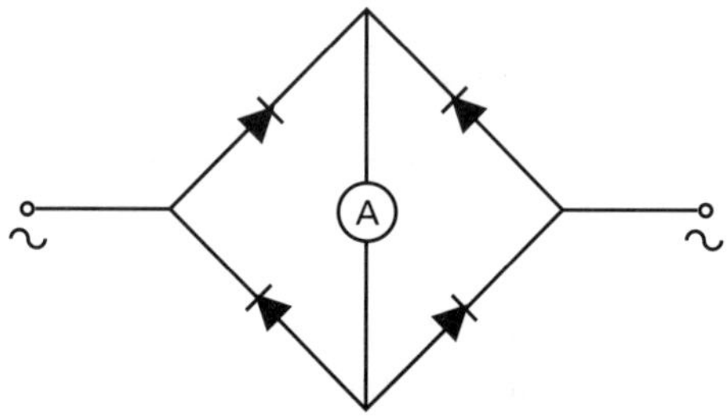


**Figura 8.6**

***Bobina móvil con convertidor incorporado***. Este sistema consta de una aparato de bobina móvil al que se le incorpora un convertidor de tipo electrónico. Así, por ejemplo, si le incorpora un convertidor de frecuencia a C.C. de función lineal es posible medir frecuencias (frecuencímetro de aguja) y si se le incorpora un convertidor de ángulo de fase a C.C. de función lineal es posible medir el factor de potencia de una instalación (fasímetros electrónicos).

Los sistema de medida de bobina móvil, al que se les incorpora otros elementos, como son: rectificador, convertidores, ampliaciones del alcance de diferentes medidas, etc., son ideales para la construcción de polímetros (aparato de medida múltiple que sirve para medir diferentes magnitudes eléctricas con diferentes campos de medida tanto en C.C. como en C.A.)

***Hierro móvil*** (Figura 8.7). Consta de una bobina fija por la que se hace pasar la corriente a medir. En el interior de la misma se fija un lámina de hierro de dulce. Enfrentada a esta lámina se sitúa otra lámina de hierro de dulce y se une a un eje giratorio y a la aguja indicadora. Además, como en el sistema de medida de bobina móvil, se incluye un muelle antagonista.

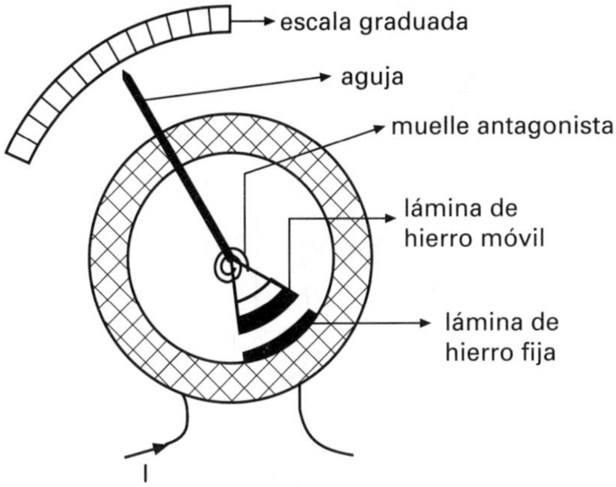


**Figura 8.7**

Al circular la corriente a medir por la bobina se produce un campo magnético que magnetiza las dos láminas de hierro con la misma polaridad, por lo que aparece entre ellas una fuerza de repulsión que tiende a desplazar la aguja. La fuerza producida es proporcional a la corriente a medir y la posición de la aguja viene determinada por el equilibrio entre esta fuerza y la antagónica desarrollada por el muelle en su estiramiento.

La ventaja fundamental de este instrumento de medida es que sirve para medir tanto corriente continua como alterna. Hay que tener en cuenta que cuando la C.A. invierte el sentido de la corriente por la bobina, se invierte también el campo magnético que atraviesa las láminas de hierro; pero la polaridad relativa de las dos láminas siempre será igual, por lo que el efecto de repulsión se mantiene para cualquier tipo de corriente.

Debido a que la corriente entra directamente a la bobina fija, es posible hacer circular por ella grandes corrientes, pudiéndose hacer medidas directas con este sistema de medida de hasta más de 300 A. Si embargo su uso se ve restringido para frecuencias no superiores a los 100 Hz, ya que para altas frecuencias los efectos de histéresis pueden falsear la medida. En los casos en que sea necesario medidas de C.A. de frecuencias de hasta 10 KHz se aconseja el uso de aparatos de bobina móvil con rectificador.

Dada la robustez y sencillez de estos sistemas de medida su empleo se dirige fundamentalmente a la construcción de amperímetros y voltímetro de C.A.

***Electrodinámico*** (Figura 8.8). Consta de dos bobinas, una móvil, solidaria con el eje y la aguja indicadora y otra fija que envuelve a la primera. Al igual que en el sistema de bobina móvil, el sistema antagonista está formado por dos muelles en espiral que sirven también para conectar eléctricamente la bobina móvil.

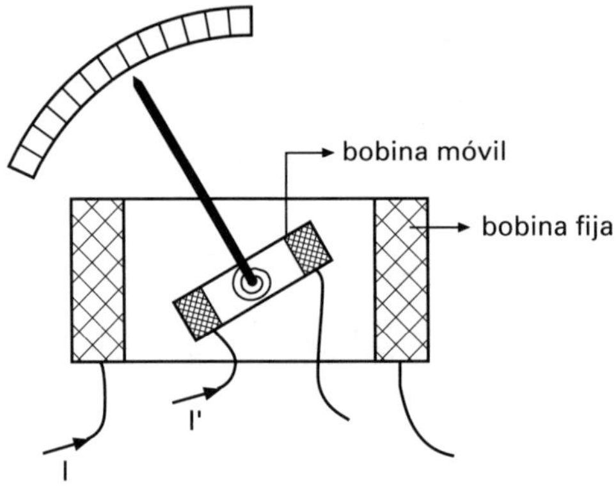


**Figura 8.8**

El funcionamiento de este instrumento es similar al de bobina móvil, pero aquí el campo magnético fijo lo produce la bobina fija al ser atravesada por una de las corrientes a medir.

La mayor aplicación de este sistema de medida es como vatímetro. La bobina fija se utiliza como amperimétrica, conectándose en serie. La bobina móvil se utiliza como voltimétrica y se conecta en paralelo. Utilizado para corriente continua, la fuerza motriz que desplaza a la aguja es resultado del producto de la tensión por la intensidad, calibrándose la escala en vatios. Utilizado para corriente alterna, la fuerza motriz depende del producto de la tensión por la intensidad por el cos φ, calibrándose también la escala en vatios.

La razón de que este sistema se pueda utilizar tanto para corriente continua como alterna está en el hecho de que, en el caso de C.A., la corriente cambia de sentido al mismo tiempo en las dos bobinas, por lo que la polaridad relativa del campo magnético desarrollado por ambas no cambia y, por tanto, la fuerza motriz siempre actúa en el mismo sentido. Conectando las dos bobinas en serie o en paralelo también se pueden utilizar como voltímetros y amperímetros.

***Ferrodinámico***. Este sistema de medida es muy similar al electrodinámico. La única diferencia estriba en que se le incorpora a cada una de las bobinas un núcleo de chapa magnética con el fin de eliminar los errores que pudieran producirse debido a campos magnéticos externos al aparato de medida.

***Inducción*** (Figura 8.9). Este sistema de medida se utiliza fundamentalmente para realizar la medida de la energía en sistemas de C.A. Consta de dos bobinas con núcleo de chapa magnética. Una hace las veces de amperimétrica y la otra de voltimétrica. Dichas bobinas se disponen de tal manera que el campo magnético variable generado por ambas atraviese un disco giratorio de aluminio al que se incorpora un mecanismo registrador. Los campos variables de ambas bobinas generan en el disco de aluminio corrientes parásitas que, al interactuar con los campos magnéticos, producen una fuerza de impulsión que hace girar el disco. Esta fuerza de impulsión es proporcional a la potencia activa a medir. El sistema que desarrolla la fuerza antagonista de frenado lo produce un imán permanente colocado entre las dos superficies del disco. El número de vueltas que se producen resulta ser proporcional a la energía eléctrica. Gracias al mecanismo registrador, calibrado en KWh, podemos obtener una lectura de la energía ecléctica consumida.

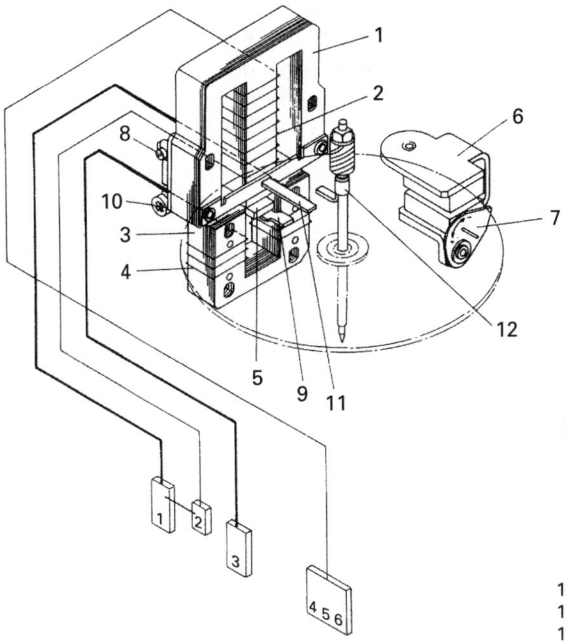


1 Sistema tensión
2 Bobina tensión
3 Núcleo intensidad
4 Bobina intensidad
5 Pieza cierre
6 Imán freno
7 Aleta regulación imán
8 Aleta regulación pequeña carga
9 Palanca regulación pequeña carga
10 Tornillo regulación pequeña carga
11 Aleta dispersión contra marcha en vacío
12 Ganchito contra marcha en vacío

**Figura 8.9**

***Bimetálico***. Este sistema está basado en la dilatación que se produce en una espiral bimetálica cuando es recorrida por una corriente eléctrica. Para compensar el efecto de la temperatura ambiente sobre el instrumento medidor se coloca otra espiral dispuesta en sentido contrario a la motriz. Este instrumento mide el valor medio de la corriente en C.C. y el eficaz en C.A. hasta 1.000 Hz. Son ideales para dar una lectura de los valores medios en aquellas instalaciones en los que existan grandes fluctuaciones, ya que el tiempo de respuesta (hasta que el bimetal alcanza su temperatura final) es alto, del orden de 10 minutos.

***Láminas vibrantes***. Estos aparatos se utilizan como frecuencímetros para C.A. Disponen de una bobina al que se le alimenta con la tensión a medir. El campo magnético alterno que genera la misma atraviesa una serie de láminas de diferentes características que se ponen a vibrar de acuerdo con la frecuencia. La medida se obtiene cuando la frecuencia a medir hace vibrar una determinada lámina calibrada según una determinada frecuencia de resonancia.

## Medida de intensidad

La medida de intensidad se realiza mediante el amperímetro. Se conecta en serie con el circuito cuya corriente se quiere medir, tal como se indica en la Figura 8.10. Es aconsejable que la resistencia interna del instrumento de medida ($R_A$) sea lo más baja posible. De esta forma, se evitan caídas considerables de tensión ($V_A$) en el amperímetro y consumos de potencia elevados.

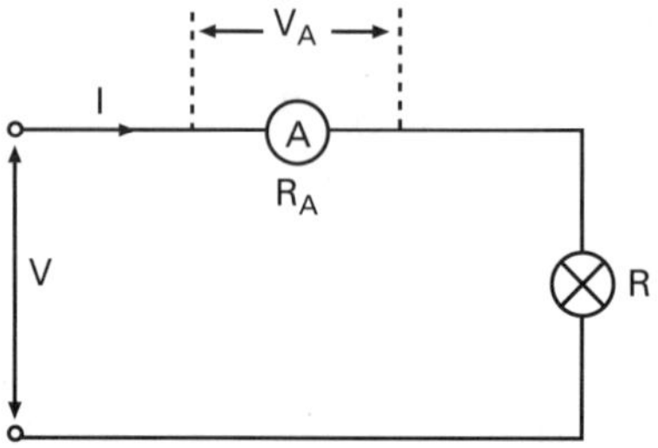


**Figura 8.10**

Para medidas de C.A. es indiferente la polaridad de conexión. Sin embargo, para C.C. hay que conectar el amperímetro según se indique en la polaridad del mismo, de otra manera la aguja tenderá a indicar en sentido contrario. Para aparatos de medida digitales no es tan importante esta consideración, puesto que son capaces de indicar lecturas negativas en su display.

Cuando la corriente a medir es muy elevada resulta difícil encontrar el aparato de medida adecuado para realizar una medida directa. En estos casos se recurre a sistemas de apoyo que consiguen ampliar el alcance de medida sin cambiar de amperímetro. Para corriente continua se emplean los shunts y para corriente alterna los transformadores de intensidad

## Ampliación del alcance de un amperímetro mediante shunt

Supongamos que disponemos de un amperímetro con un alcance de 50 A como máximo y que necesitamos incorporar un amperímetro de cuadro para la medida de la intensidad de corriente en un sistema de generación de energía solar fotovoltaica. La potencia instalada es de 6 KW y la tensión de alimentación es de 24 V en C.C. En este ejemplo, la corriente a medir sería del orden de:

$$I = \frac{P}{V} = \frac{6.000}{24} = 250 \text{ A}$$

Para poder medir esta corriente con el amperímetro de 50 A emplearemos una resistencia shunt (Figura 8.11). Este dispositivo consiste en conectar una resistencia en paralelo con el amperímetro que consiga desviar parte de la corriente que se quiere medir (véase Figura 8.12). En nuestro ejemplo, la resistencia shunt deberá desviar 200 A ($I_S$) para que por el amperímetro sólo circulen 50 A ($I_A$) cuando se quieran medir una corriente de 250 A ($I$).

**Figura 8.11**

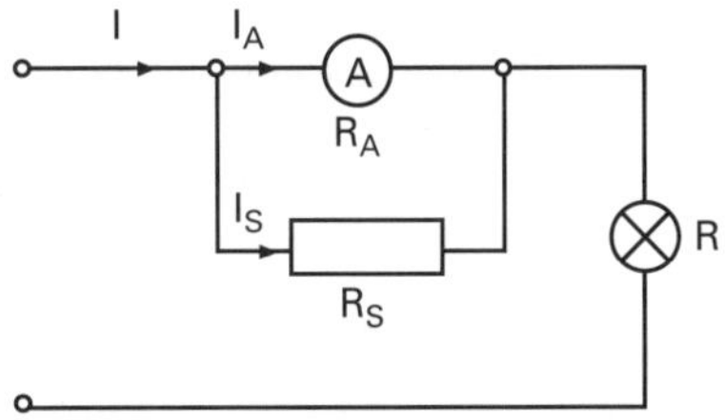


**Figura 8.12**

Para poder calcular la resistencia que deberá poseer el shunt necesitamos conocer previamente la resistencia interna del amperímetro $R_A$. Como la resistencia $R_S$ del shunt queda en paralelo con la del amperímetro, su caída de tensión es la misma, por lo que se cumple que:

$$R_A \cdot I_A = R_S \cdot I_S \qquad \text{de donde} \qquad R_S = \frac{R_A \cdot I_A}{I_S}$$

# Ejemplos

**8.6** Teniendo en cuenta que el amperímetro de 50 A mencionado en la exposición anterior posee una resistencia interna de 0,1 Ω. Calcular el valor de la resistencia del shunt para ampliar el alcance del aparato de medida hasta los 250 A.

**Solución:** La resistencia del shunt es $R_S = \frac{R_A \cdot I_A}{I_S} = \frac{0,1 \cdot 50}{200} = 0,025\ \Omega$

En este caso hemos conseguido aumentar el alcance del amperímetro en:

$$m = \frac{I}{I_A} = \frac{250}{50} = 5 \text{ veces}$$

Este dato habrá que tenerlo en cuenta a la hora de interpretar la lectura de la medida, ya que la constante de la escala del instrumento habrá que multiplicarla por 5.

**8.7** Un amperímetro permite medir una corriente como máximo de 2 mA. Posee una escala fraccionada en 40 divisiones y una resistencia interna de 1 Ω. Se desea ampliar el alcance del aparato para poder realizar medidas hasta 2 A. Calcular la resistencia del shunt, así como la constante de la escala del aparato con y sin shunt. ¿Cuál será el resultado de la medida del amperímetro con shunt si lee en la escala 10 divisiones?

**Solución:**

El shunt debe desviar una corriente de: $I_S = I - I_A = 2 - 0{,}002 = 1{,}998$ A

La resistencia del shunt es $R_S = \dfrac{R_A \cdot I_A}{I_S} = \dfrac{1 \cdot 0{,}002}{1{,}998} = 0{,}001\ \Omega$

En este caso hemos conseguido aumentar el alcance del amperímetro en:

$$m = \frac{I}{I_A} = \frac{2}{0{,}002} = 1.000 \text{ veces}$$

La constante de la escala sin shunt es

$$K = \frac{2 \text{ mA}}{40 \text{ div}} = 0{,}05 \text{ mA/div} = 50\ \mu\text{A/div}$$

La constante del aparato con shunt es

$$K_S = \frac{2 \text{ A}}{40 \text{ div}} = 0{,}05 \text{ A/div} = 50 \text{ mA/div}$$

La medida para 10 divisiones es 10 div · 0,05 A/div = 0,5 A

# Ampliación del alcance de amperímetros mediante transformadores de intensidad

Cuando se desea ampliar el alcance de amperímetros en C.A. es más sencillo recurrir al empleo de transformadores de intensidad. Una de las características fundamentales de estos dispositivos es que solamente funcionan en C.A. De esta manera, se restringe el empleo del shunt para ampliar el alcance de amperímetros en C.C. y en amperímetros de pequeñas corrientes en C.A.

En la Figura 8.13 se ha conectado un transformador de intensidad en la línea con el objeto de medir la corriente elevada que fluye por la misma. El transformador de intensidad consta de dos circuitos: el primario se conecta en serie con la línea donde se quiere medir la corriente y el secundario que se conecta entre los extremos del amperímetro. Vamos a estudiar ahora la aplicación práctica del transformador, dejando el estudio más detallado del mismo para el tomo 3 de este curso general de electricidad.

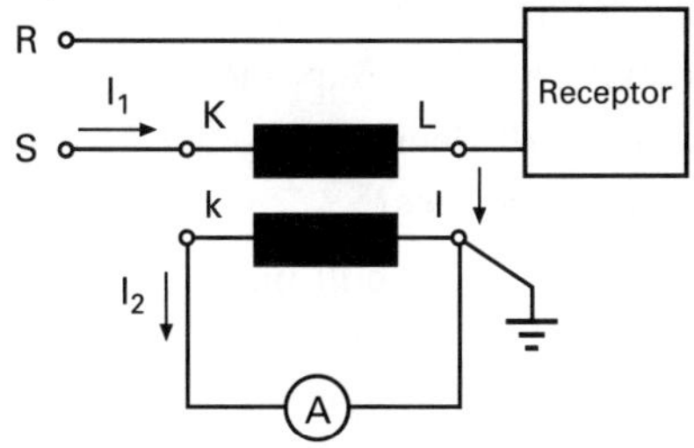


**Figura 8.13**

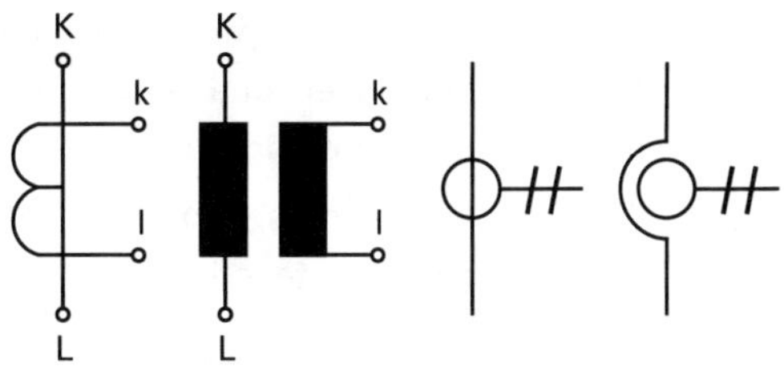


**Figura 8.14**

En la Figura 8.14 se muestran los símbolos más utilizados para el transformador de intensidad.

El transformador de intensidad consigue que por el circuito secundario, donde se conecta el amperímetro, circule una corriente más reducida y siempre proporcional a la que fluye por el primario, conectado con el circuito a medir. De esta forma, se consigue reducir considerablemente la corriente por el amperímetro.

Por supuesto, será necesario conocer la proporción en la reducción de la corriente para poder posteriormente interpretar la medida en el amperímetro. Para ello, los fabricantes de transformadores nos proporcionan una característica conocida como relación de transformación, que nos indica la relación entre la corriente por el primario $I_1$ y el secundario $I_2$:

$$m = \frac{I_1}{I_2}$$

En la placa de característica de los transformadores de intensidad aparecen los valores de la intensidad nominal del primario y del secundario. Así, por ejemplo, la característica 100/5 A nos indica que cuando por el primario fluya una intensidad de 100 A, por el secundario conectado al amperímetro fluirán sólo 5 A. La intensidad por el secundario de los transformadores de intensidad suele ser 5 A para la mayoría de las aplicaciones. Por otro lado, se fabrican transformadores de las siguientes intensidades primarias: 5 A - 10 A - 15 A - 20 A - 25 A - 30 A - 40 A - 50 A - 60 A - 75 A - 100 A - 125 A - 150 A - 200 A - 250 A - 300 A - 400 A - 500 A - 600 A - 750 A - 800 A - 1.000 A - 1.200 A - 1.500 A - 2.000 A - 2.500 A - 3.000 A - 4.000 A - 5.000 A.

# Ejemplos

**8.8** Se desea incorporar un equipo de medida de intensidad a una cuadro de distribución de unos pequeños almacenes. La potencia nominal de la instalación es de 100 KW con un factor de potencia de 0,85. El suministro de energía es trifásico a 380 V. Teniendo en cuenta que el amperímetro a utilizar posee un fondo de escala de 5 A, seleccionar el transformador de intensidad más adecuado, así como su relación de transformación. Suponiendo que el amperímetro posee una escala fraccionada en 20 divisiones ¿cuál será el resultado de la medida si se lee en la escala 15 divisiones?

**Solución:** Calculamos primero la intensidad nominal a medir por el primario del transformador de intensidad:

$$I_L = \frac{P}{\sqrt{3} \cdot V_L \cdot \cos \varphi} = \frac{100.000}{\sqrt{3} \cdot 380 \cdot 0,85} = 179 \text{ A}$$

Seleccionaremos para la medida un transformador de intensidad de relación: 200/5 A.

Su relación de transformación es $m = \frac{I_1}{I_2} = \frac{200}{5} = 40$

La constante de la escala sin transformador es $K = \frac{5 \text{ A}}{20 \text{ div}} = 0,25 \text{ A/div}$

La constante del aparato con transformador es $K_S = \frac{200 \text{ A}}{20 \text{ div}} = 10 \text{ A/div}$

La medida para 15 divisiones es 15 div · 10 A/div = 150 A

En la práctica se calibran las escalas de los amperímetros para que puedan dar una lectura directa en asociación con un determinado transformador de intensidad.

Las ventajas que presentan los transformadores de intensidad son las siguientes:

- Permiten medir grandes corrientes con aparatos de medida de bajo alcance. Además, se pueden realizar medidas de corriente en líneas de alta tensión con aparatos de baja tensión, mucho más sencillos y económicos.
- Es posible situar los aparatos de medida separados de las líneas de gran corriente o tensión. De esta forma se hace posible obtener la medida alejado de zonas de alto riesgo para los operarios. Además se simplifica mucho las conexiones con los aparatos de medida.

Un aspecto importante en el manejo e instalación de transformadores de corriente es que nunca se debe desconectar el amperímetro del secundario sin previamente haber cortocircuitado los bornes del mismo. De otra manera, pueden aparecer tensiones elevadas en el secundario que pueden ser un peligro para las personas y para el propio transformador. Por otro lado, se debe conectar a tierra uno de los terminales del secundario. De esta forma, se evita la aparición de tensiones elevadas ante un fallo de aislamiento entre el circuito primario y el secundario.

Por último, indicar que es importante conocer la potencia nominal que puede proporcionar el transformador a los aparatos de medida. Esta se mide en VA, fabricándose transformadores de las siguientes potencias nominales: 5 VA - 10 VA - 15 VA - 30 VA - 50 VA - 75 VA - 100 VA.

Así, por ejemplo, supongamos que deseamos alimentar con un transformador un amperímetro con un consumo de 3 VA y que además intercalamos en serie la bobina amperimétrica de un vatímetro con un consumo de otros 3 VA. La potencia que deberá suministrar como mínimo el transformador será de 3 + 3 = 6 VA, por lo que seleccionaremos un transformador de 10 VA de potencia nominal.

En cuanto a la construcción de transformadores de medida existen dos tipo fundamentales de barra pasante (Figura 8.16) y con primario devanado (Figura 8.15).

**Figura 8.15**

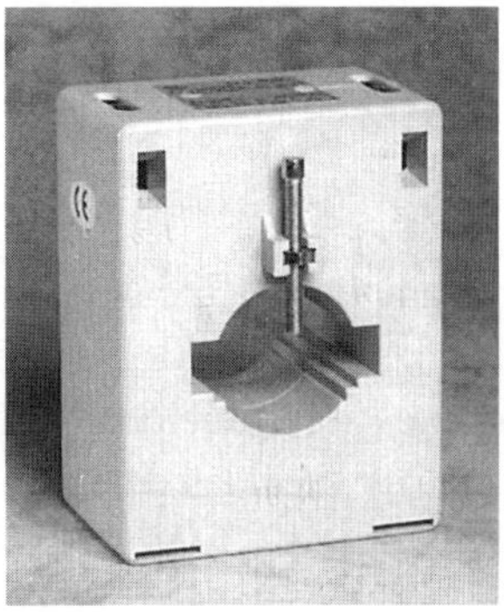

**Figura 8.16**

Los transformadores de barra pasante disponen de un hueco por donde se hace pasar el conductor, por lo que no disponen de conexiones para el circuito primario. En este caso el primario lo constituye el propio conductor por el que circula la corriente a medir. Este tipo de transformador es muy utilizado ya que evita el tener que cortar el circuito a medir y evita las conexiones que de otra manera serían necesarias.

En cuanto al amperímetro como aparato de medida portátil, el de más extendida aplicación es la pinza amperimétrica (véase Figura 8.17). Con este aparato de medida se evita el tener que cortar y realizar conexiones para la toma de la medida. Esto se consigue gracias a que el aparato de medida lleva incorporado un transformador de intensidad del tipo pasante. Para hacer pasar el conductor por el hueco del transformador se abre manualmente el núcleo magnético de la pinza y se vuelve a cerrar. Este aparato de medida resulta muy cómodo para realizar comprobaciones rápidas de la intensidad de los circuitos, ya que no es necesario interrumpir el circuito para ello. Hoy en día se fabrican pinzas amperimétricas tanto para C.A. como para C.C.

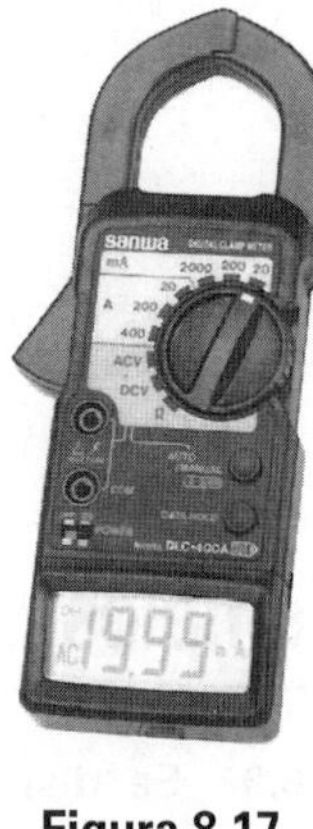


**Figura 8.17**

# Medidas de tensión

La medida de tensión se realiza mediante el voltímetro. Se conecta entre los extremos cuya tensión se quiere medir, tal como se indica en la Figura 8.18. Es importante que la resistencia del instrumento de medida ($R_V$) sea alta, para así evitar consumos de corriente ($I_V$) y potencias elevadas.

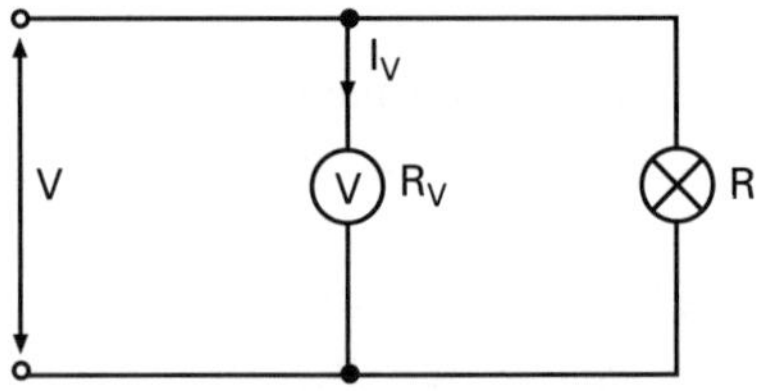


**Figura 8.18**

Para ampliar el alcance de un voltímetro se recurre a la conexión en serie de resistencias adicionales o al empleo de transformadores de tensión. Dado que los transformadores sólo funcionan para corrientes alternas, se utilizarán sólo transformadores para realizar medidas de tensiones elevadas en C.A.

# Ampliación del alcance de un voltímetro mediante resistencias adicionales en serie

En la Figura 8.19 se ha conectado una resistencia adicional $R_S$ en serie con el voltímetro, con el fin de conseguir una caída de tensión $V_S$ que haga que la tensión $V_V$ que aparece en bornes del voltímetro de resistencia $R_V$ quede reducida proporcionalmente respecto a la tensión $V$ a medir.

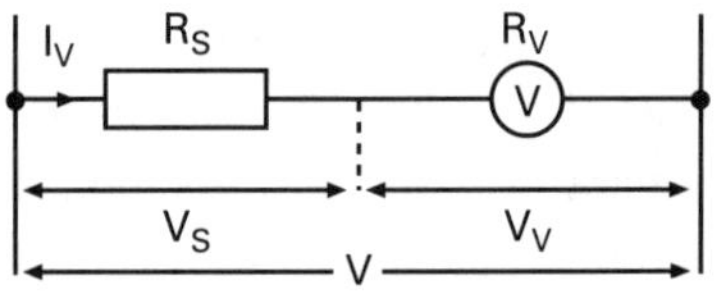


**Figura 8.19**

# Ejemplos

**8.9** Se dispone de un voltímetro con un campo de indicación de 10 V, una resistencia interna de 2 KΩ y su escala está fraccionada en 40 divisiones.

Calcular el valor de la resistencia adicional a conectar en serie con el voltímetro para ampliar su alcance hasta los 200 V, así como la constante del instrumento con y sin resistencia adicional. ¿Cuál será el resultado de la medida, con y sin la resistencia adicional, si se lee en la escala 30 divisiones?

**Solución:** Primero calculamos la corriente que circula por el voltímetro, que es la que también fluye por la resistencia adicional. Aplicando la ley de Ohm entre los extremos del voltímetro, tenemos que:

$$I_V = \frac{V_V}{R_V} = \frac{10}{2.000} = 0,005 \text{ A}$$

La tensión que debe caer en la resistencia adicional es:

$$V_S = V - V_V = 200 - 10 = 190 \text{ V}$$

Si ahora aplicamos la ley de Ohm entre los terminales de la resistencia adicional, obtendremos el valor óhmico de la misma:

$$R_S = \frac{V_S}{I_V} = \frac{190}{0,005} = 38.000\ \Omega = 38\ \text{K}\Omega$$

La constante de la escala sin resistencia adicional es:

$$K = \frac{10 \text{ V}}{40 \text{ div}} = 0,25 \text{ V/div}$$

La constante del aparato con resistencia adicional es: $K = \frac{200 \text{ V}}{40 \text{ div}} = 5 \text{ V/div}$

La medida para 30 divisiones si resistencia adicional es:

$$30 \text{ div} \cdot 0,25 \text{ V/div} = 7,5 \text{ V}$$

La medida para 30 divisiones con resistencia adicional es:

$$30 \text{ div} \cdot 5 \text{ V/div} = 150 \text{ V}$$

# Ampliación del alcance de un voltímetro mediante transformadores de tensión

En la Figura 8.20 se ha conectado un transformador de tensión en la línea con el objeto de medir la tensión elevada que existe en la línea. El transformador de tensión consta de dos circuitos: el primario se conecta entre los extremos de la línea donde se quiere medir la tensión y el secundario que se conecta entre los extremos del voltímetro. En la Figura 8.21 se muestran los símbolos más utilizados del transformador de tensión y en la 8.22 el aspecto físico del mismo.

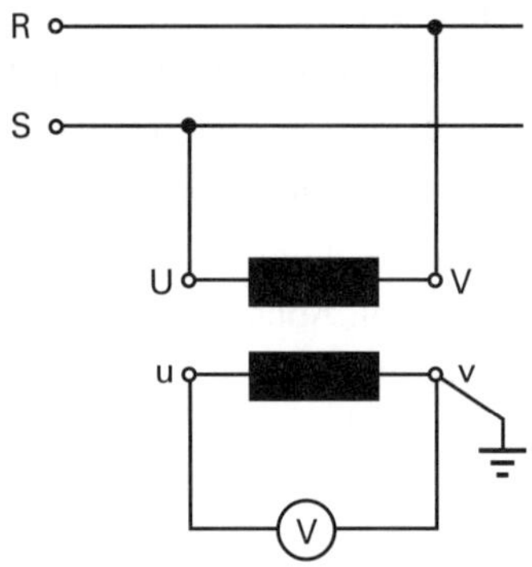


Figura 8.20

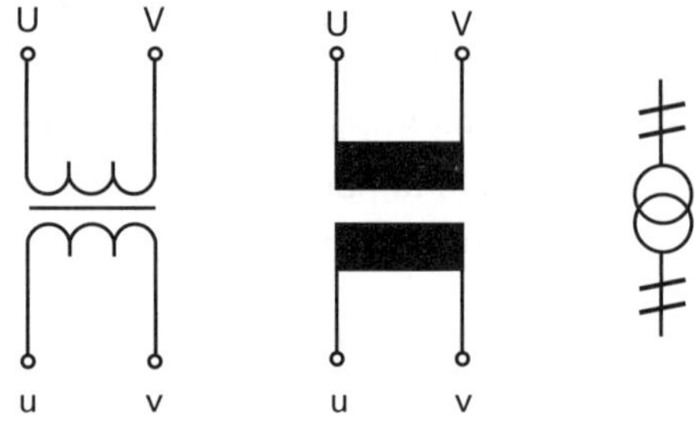


Figura 8.21

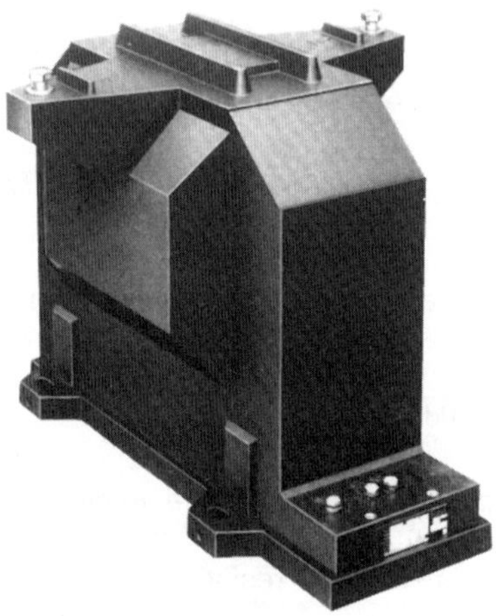

Figura 8.22

El transformador de tensión consigue que por el circuito secundario, donde se conecta el voltímetro, aparezca una tensión más reducida y siempre proporcional a la que queda sometido el primario, conectado con el circuito a medir. De esta forma, se consigue reducir considerablemente la tensión por el voltímetro.

Como en otras ocasiones, será necesario conocer la proporción en la reducción de la tensión para poder posteriormente interpretar la medida en el voltímetro. Los fabricantes de transformadores nos proporcionan la relación de transformación, que nos indica la relación entre la tensión por el primario $V_1$ y el secundario $V_2$:

$$m = \frac{V_1}{V_2}$$

Al igual que para los transformadores de intensidad, en la placa de características de los transformadores de tensión aparecen los valores de la tensión nominal del primario y del secundario. Así, por ejemplo, la característica 5.500/110 V nos indica que cuando por el primario se aplica una tensión de 5.500 V, por el secundario conectado al voltímetro aparecerán sólo 110 V. La tensión por el secundario de los transformadores de tensión suele ser 110 V para la mayoría de las aplicaciones. Por otro lado, se fabrican transformadores de las siguientes tensiones primarias: 110 V - 220 V - 380 V - 440 V - 2.200 V - 3.300 V - 5.500 V - 6.600 V - 11.000 V - 13,2 KV - 16,5 KV - 22 KV - 27,5 KV - 33 KV - 44 KV - 55 KV - 66 KV - 132 KV - 220 KV - 396 KV.

# Ejemplos

**8.10** Se desea incorporar un voltímetro a una cuadro de distribución de energía eléctrica. La tensión de alimentación es de 2.000 V. Teniendo en cuenta que el voltímetro a utilizar poseen un fondo de escala de 110 V, seleccionar el transformador de tensión más adecuado, así como su relación de transformación. Suponiendo que el voltímetro posee una escala fraccionada en 55 divisiones ¿cuál será el resultado de la medida si se lee en la escala 48 divisiones?

**Solución:** Seleccionaremos para la medida un transformador de tensión de relación: 2.200/110 V

Su relación de transformación es $m = \frac{V_1}{V_2} = \frac{2.200}{110} = 20$

La constante de la escala sin transformador es $K = \frac{110 \text{ V}}{55 \text{ div}} = 2 \text{ V/div}$

La constante del aparato con transformador es $K = \frac{2.200 \text{ V}}{55 \text{ div}} = 40 \text{ V/div}$

La medida para 48 divisiones es 48 div · 40 V/div = 1.920 V

Al igual que se hacía con los amperímetros, en la práctica se calibran las escalas de los voltímetros para que puedan dar una lectura directa en asociación con un determinado transformador de tensión.

Por motivos de seguridad es necesario conectar a tierra uno de los terminales del secundario, así se evita la aparición de tensiones elevadas en el mismo, en el caso de que existiese un fallo de aislamiento entre el primario y el secundario.

Por último, indicar que al igual que en los transformadores de intensidad es importante conocer la potencia nominal que puede proporcionar el transformador de tensión a los aparatos de medida, fabricándose transformadores de las siguientes potencias nominales: 10 VA - 15 VA - 25 VA - 30 VA - 50 VA - 75 VA - 100 VA - 150 VA - 200 VA - 300 VA - 400 VA.

# El polímetro

El polímetro o multímetro es un aparato de medida portátil que se utiliza para medir diferentes magnitudes eléctricas, como, por ejemplo, tensión y corrientes en C.C. y C.A., resistencia, capacidad, prueba de continuidad, prueba de diodos y transistores. La misma palabra indica su función; polí-metro: muchas medidas (véase Figura 8.23).

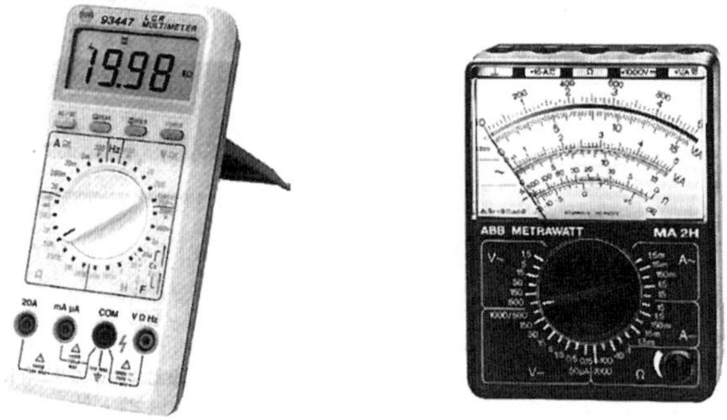


**Figura 8.23**

Existen en el mercado una gran diversidad de modelos de polímetros. Las diferencias suelen estar en la forma de leer la medida del aparato (indicadores de aguja o analógicos e indicadores digitales) y en la forma de seleccionar la magnitud a medir, que por lo general suele consistir en un conmutador giratorio.

A continuación, y como ejemplo ilustrativo, damos una relación de los campos de medición de un determinado modelo de polímetro comercial:

- Tensiones para C.A. y C.C. (200 mV - 2 - 20 - 200 - 1000 V).
- Intensidades para C.A. y C.C. (200 μA - 2 - 20 - 200 mA - 2 A).
- Resistencias (200 Ω - 2 - 20 - 200 KΩ - 2 - 20 MΩ).
- Capacidades (2000 pF - 20 - 200 nF - 2 - 20 μF).
- Inductancias (20 - 200 mH - 2 - 20 H).
- Continuidad y prueba de diodos.

A primera vista da la impresión de que debe existir mucha diferencia entre manejar un modelo de polímetro u otro. Pero no es así, ya que en el momento que se adquiere una cierta práctica en el manejo de uno de los modelos, prácticamente ya se saben manejar todos.

Los polímetros digitales presentan una lectura a base de cifras numéricas que facilita bastante la interpretación de la medida. En los polímetros analógicos o de aguja hay que elegir la escala adecuada y tener cuidado en no equivocarse con la constante de escala a aplicar.

 

# Resúmen de Conceptos

El **error absoluto** que se comete en una medida es la diferencia entre el valor leído ($V_L$) por el aparato de medida y el valor real ($V_R$) de la misma.

$$E_{ab} = V_L - V_R$$

El **error relativo** nos indica la relación porcentual entre el error absoluto y el valor real:

$$E_r\% = \frac{E_{ab}}{V_R} \cdot 100$$

La **clase** es el error absoluto máximo que puede cometer un aparato de medida referido al valor máximo de la escala ($V_{máx}$) de medida.

$$\text{Clase} = \frac{E_{ab \cdot máx}}{V_{máx}} \cdot 100$$

Para obtener la **constante de la escala** de un aparato de medida se divide el valor máximo del fondo de escala entre el número total de divisiones de la escala.

El sistema de medida de **bobina móvil** no admite corrientes fuertes y sólo funciona para C.C. Se utiliza para la fabricación de voltímetros, milivoltímetros, amperímetros, miliamperímetros, microamperímetros, óhmetros, etc. Con la inclusión de un puente rectificador es posible la medida de magnitudes de C.A. y con la inclusión de convertidores electrónicos adecuados pueden utilizarse para la medida de frecuencias, factor de potencia, etc.

El sistema de medida de **hierro móvil** sirve para medir C.A. y C.C., pudiéndose realizar con él medidas directas de grandes intensidades de corrientes. Su empleo se ve reducido para frecuencias inferiores a los 100 Hz. Se utiliza para la fabricación de amperímetros y voltímetros de C.A.

El sistema de medida **electrodinámico y el ferrodinámico** sirven para medir C.A. y C.C. Se aplican fundamentalmente para la medida de potencias, donde la bobina fija se conecta en serie con el circuito (bobina amperimétrica) y la móvil en paralelo (bobina voltimétrica). En C.C. mide el valor medio de la potencia y en C.A. el valor de la potencia activa.

El sistema de medida de **inducción** se utiliza fundamentalmente para la medida de energía eléctrica en C.A.

Los sistema de medida **bimetálicos** son ideales para la medidas de valores medios y eficaces de las corrientes eléctricas en líneas en las que existen grandes fluctuaciones.

El sistema de medida de **láminas vibrantes** se utiliza para la construcción de frecuencímetros.

## Resúmen de Conceptos

Para ampliar el alcance de medida de un amperímetro se utilizan resistencias **shunt** para C.C., y en C.A. su uso queda limitado para pequeñas corrientes.

Para ampliar el alcance de un amperímetro en C.A. se utiliza el **transformador de intensidad**. Éste consigue que por el circuito secundario, donde se conecta el amperímetro, circule una corriente más reducida y siempre proporcional a la que fluye por el primario, conectado con el circuito a medir. No se debe dejar nunca abierto el secundario de un transformador de intensidad y siempre conviene conectar el mismo a tierra.

La **pinza amperimétrica** es un amperímetro portátil, con transformador de intensidad incorporado, con el que se puede medir la corriente por un conductor sin tener que realizar conexiones.

Para **ampliar el alcance de medida de un voltímetro** se utilizan resistencias serie para C.C., y en C.A. su uso queda limitado para pequeñas tensiones.

Para ampliar el alcance de un voltímetro en C.A. se utiliza el **transformador de tensión**. Éste consigue que por el circuito secundario, donde se conecta el voltímetro, aparezca una tensión más reducida y siempre proporcional a la que queda sometido el primario, conectado con el circuito a medir. Por motivos de seguridad se conecta uno de los terminales del secundario a tierra.

El **polímetro** es un aparato de medida múltiple que resulta imprescindible para la verificación de circuitos e instalaciones eléctricas.

 

# Actividades

**8.1.** Consigue diferentes modelos de aparatos de medida, observa todas las indicaciones que aparecen en pantalla o en sus instrucciones de manejo y con ellas indica: magnitud a medir, campo de medición, posición de funcionamiento, sistema de medición empleado, tipo de corriente, clase del instrumento, así como la constante de la escala.

**8.2.** Consigue un amperímetro y varios shunts comerciales, y observa sus características. Primero mide la corriente por un circuito de forma directa con el amperímetro, determinando la constante de escala. Posteriormente conecta en paralelo con el amperímetro cada uno de los shunts comerciales de forma independiente, anota los resultados obtenidos y determina en cuánto se amplía el alcance del amperímetro en cada caso, así como las nuevas constantes de escala.

**8.3.** Consigue un amperímetro de C.A. y varios transformadores de intensidad comerciales, y observa sus características. Primero mide la corriente por un circuito de C.A. de forma directa con el amperímetro, determinando la constante de escala. Posteriormente conecta con el amperímetro cada uno de los transformadores de intensidad comerciales de forma independiente, anota los resultados obtenidos y determina en cuánto se amplía el alcance del amperímetro en cada caso, así como las nuevas constantes de escala.

**8.4.** Consigue un voltímetro de C.A. y varios transformadores de tensión comerciales, y observa sus características. Primero mide la tensión por un circuito de C.A. de forma directa con el voltímetro, determinando la constante de escala. Posteriormente conecta con el voltímetro cada uno de los transformadores de tensión comerciales de forma independiente, anota los resultados obtenidos y determina en cuánto se amplía el alcance del voltímetro en cada caso, así como las nuevas constantes de escala.

**8.5.** Consigue un polímetro comercial, analiza sus características y sus diferentes campos de medida, comprobando su funcionamiento en la verificación de un circuito eléctrico.

Indica las respuestas correctas a las siguientes cuestiones.

**8.6.** El sistema de medida de bobina móvil:

- **a.** ❑ Sirve para medir directamente grandes corrientes.
- **b.** ❑ En combinación con un rectificador sirve para medir C.C. y C.A.
- **c.** ❑ Sirve para medir la potencia.

**8.7.** El sistema de medida de hierro móvil:

**a.** ❑ Sirve para medir directamente grandes corrientes.

**b.** ❑ Sirve para medir C.C. y C.A.

**c.** ❑ Sirve para medir tensiones y corrientes hasta frecuencias elevadas.

**8.8.** El sistema de medida electrodinámico:

**a.** ❑ Se utiliza fundamentalmente para la medida de la potencia.

**b.** ❑ Sirve para medir en C.C. y C.A.

**c.** ❑ Sirve para medir corrientes y tensiones.

**8.9.** El sistema de medida de inducción:

**a.** ❑ Se utiliza fundamentalmente para la medida de energía en C.A.

**b.** ❑ Sirve para medir en C.C.

**c.** ❑ Sirve para medir el ángulo de desfase.

**8.10**. El sistema de medida bimetálico:

**a.** ❑ Miden el valor medio de la corriente en C.C. y el eficaz en C.A.

**b.** ❑ Sirven para medir sólo en C.C.

**c.** ❑ Se utilizan para medir la potencia.

**8.11**. El sistema de láminas vibrantes:

**a.** ❑ Se utiliza para medir la energía eléctrica.

**b.** ❑ Sirven para medir en C.C. y C.A.

**c.** ❑ Se utilizan para la medida de frecuencias.

**8.12.** El shunt:

**a.** ❑ Es una resistencia para ampliar el alcance de un voltímetro.

**b.** ❑ Es una resistencia para ampliar el alcance de un amperímetro.

**c.** ❑ Se conecta en serie con el amperímetro.

**8.13.** El transformador de intensidad:

**a.** ❑ No debe dejarse nunca abierto el circuito secundario de medida.

**b.** ❑ Se utiliza para ampliar el alcance de amperímetros en C.A.

**c.** ❑ Se utiliza para ampliar el alcance de amperímetros en C.C.

**8.14.** Para comprobar el error que comete un amperímetro se toma una medida de 350 mA y luego se comprueba con un amperímetro de gran precisión la misma medida, dando como resultado 335 mA. Determinar el error absoluto y relativo cometido por el amperímetro.

**Resultado:** $E_{ab}$ = 15 mA; $E_r$ = 4,5%

**8.15.** Para verificar la precisión de un voltímetro se le somete a una contrastación con un voltímetro patrón, anotándose los siguientes resultados:

- Voltímetro a verificar: 0 V 50 V 100 V 200 V
- Voltímetro patrón: 0 V 49 V 98 V 197 V

¿Cuál será la clase de este voltímetro si el valor máximo de su escala es de 200 V?

**Resultado:** Clase = 1,5

**8.16.** Calcular el error máximo que puede cometer un vatímetro de clase 2,5 si su campo de medida es 0-500 W.

**Resultado:** 12,5 W

**8.17.** Se desea ampliar el alcance de un amperímetro de C.C. con sistema de medida de cuadro móvil. La corriente máxima que admite es de 100 mA y su resistencia interna es de 0,19 Ω. Calcular el valor de la resistencia del shunt para ampliar el alcance del aparato de medida hasta los 2 A.

**Resultado:** 0,01 Ω

**8.18.** Un amperímetro comercial de C.C. permite medir una corriente como máximo de 10 A. Posee una escala fraccionada en 80 divisiones y una resistencia interna de 1,9 Ω. Se desea ampliar el alcance del aparato para poder realizar medidas de hasta 200 A. Calcular la resistencia del shunt y la constante de la escala del aparato con y sin shunt. ¿Cuál será el resultado de la medida del amperímetro con shunt y sin shunt si se lee en la escala 65 divisiones?

**Resultado:** $R_{shunt}$ = 0,1 Ω; K = 0,125 A/div; $K$ (con Shunt) = 2,5 A/div;
$I$ = 8,125 A; $I$ (con Shunt) = 162,5 A

**8.19.** La potencia nominal de una estación depuradora es de 70 KW con un factor de potencia de 0,8. El suministro de energía es trifásico a 220 V. Para realizar la medida de la intensidad de línea se dispone de un amperímetro con un fondo de escala de 5 A, seleccionar el transformador de intensidad más adecuado, así como su relación de transformación. Suponiendo que el amperímetro posee una escala fraccionada en 40 divisiones ¿cuál será el resultado de la medida si se leen en la escala 35 divisiones?

**Resultado:** Transformador de intensidad con relación 250/5 A;
$m = 50$; $I = 218{,}75$ A

**8.20.** Se desea ampliar el alcance de un voltímetro, con un campo de indicación de 20 V, hasta los 1.000 V. Éste posee una resistencia interna de 5 KΩ y su escala está fraccionada en 100 divisiones. Calcular el valor de la resistencia adicional a conectar en serie con el voltímetro para ampliar su alcance, así como la constante del instrumento con y sin resistencia adicional. ¿Cuál será el resultado de la medida, con y sin la resistencia adicional, si se leen en la escala 22 divisiones?

**Resultado:** $R_s = 245$ KΩ; $K$ (con $R_s$) = 10 V/div; $K = 0{,}2$ V/div;
$V$ (con $R_s$) = 220 V; $V = 4{,}4$ V

**8.21.** Para realizar la medida de tensión de una línea de distribución de 10 KV/50 Hz se dispone de un voltímetro de 0-110 V. Seleccionar el transformador de tensión más adecuado para ello, así como su relación de transformación. Suponiendo que el voltímetro posee una escala fraccionada en 50 divisiones ¿cuál será el resultado de la medida si se leen en la escala 45 divisiones?

**Resultado:** Transformador de tensión con relación 11 KV/110 V;
$m = 100$; $K = 220$ V/div; $V = 9.900$ V

# 9 Medidas eléctricas (II)

## Medidas de potencia

Para realizar la medida de potencia el método más utilizado es mediante el vatímetro electrodinámico o ferrodinámico, tanto para C.C. como para C.A. Recordemos que el vatímetro consta de dos circuitos medidores: el circuito amperimétrico se conecta en serie con el circuito y posee una resistencia muy baja, mientras que el voltimétrico se conecta en paralelo y posee una resistencia muy elevada (véase Figura 9.1). Para C.C., el aparato indica directamente el producto de la tensión por la intensidad, dando como resultado de la medida la potencia media. Para C.A. el aparato indica directamente el producto de la tensión por la intensidad y por el cos $\varphi$, dando como resultado de la medida la potencia activa.

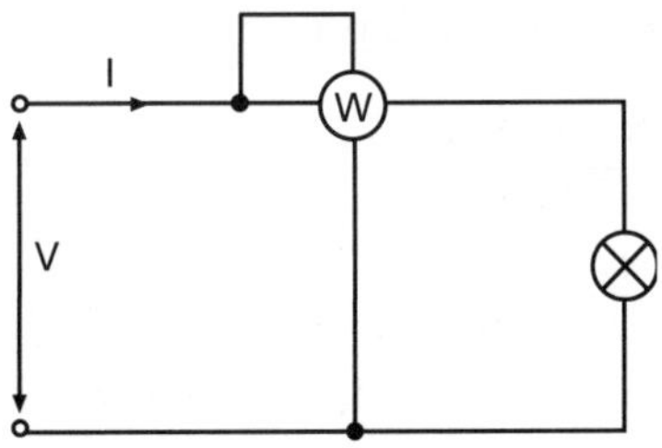


**Figura 9.1**

Dado que el par de giro de la aguja indicadora del sistema de medida electrodinámico depende de los sentidos relativos de las corrientes por las bobinas fijas y móvil, pudiera ocurrir que al conectar el vatímetro, la aguja tendiese a moverse hacia el cero de la escala. Para solventar este incidente bastará con invertir la conexión de una de las bobinas.

Es habitual que los fabricantes de vatímetros construyan aparatos de medida con varios alcances de medida, proporcionando diferentes conexiones y alcances para la tensión aplicada a la voltimétrica y amperimétrica. Para determinar la constante de la escala, en estos casos, habrá que multiplicar el alcance de la tensión por el alcance de la intensidad y dividirlo entre el número total de divisiones de la escala.

# Ejemplos

**9.1** Un vatímetro ferrodinámico posee dos alcances de tensión: 100 V y 200 V, y dos alcances de intensidad: 1 A y 5 A. Averiguar las constantes de la escala para cada una de las combinaciones posibles si la escala está fraccionada en 50 divisiones.

**Solución:**

La constante de la escala para 100 V - 1 A es

$$K = \frac{100 \text{ V} \cdot 1 \text{ A}}{50 \text{ div}} = 2 \text{ W/div}$$

La constante de la escala para 100 V - 5 A es

$$K = \frac{100 \text{ V} \cdot 5 \text{ A}}{50 \text{ div}} = 10 \text{ W/div}$$

La constante de la escala para 200 V - 1 A es

$$K = \frac{200 \text{ V} \cdot 1 \text{ A}}{50 \text{ div}} = 4 \text{ W/div}$$

La constante de la escala para 200 V - 5 A es

$$K = \frac{200 \text{ V} \cdot 5 \text{ A}}{50 \text{ div}} = 20 \text{ W/div}$$

Al igual que se hacia con los voltímetros y amperímetros para ampliar el alcance de un vatímetro en C.A. se utilizan transformadores de medida. Se suelen acoplar transformadores de tensión acoplados en paralelo a la bobina voltimétrica cuando la tensión en la red es superior a 500 V y transformadores de intensidad, acoplados en serie con la bobina amperimétrica, cuando la intensidad en la línea es superior a 15 A. En la Figura 9.2 a, se muestra el esquema de conexiones de un vatímetro sin transformadores de medida y en la Figura 9.2 b, las conexiones con transformadores de intensidad y transformadores de tensión.

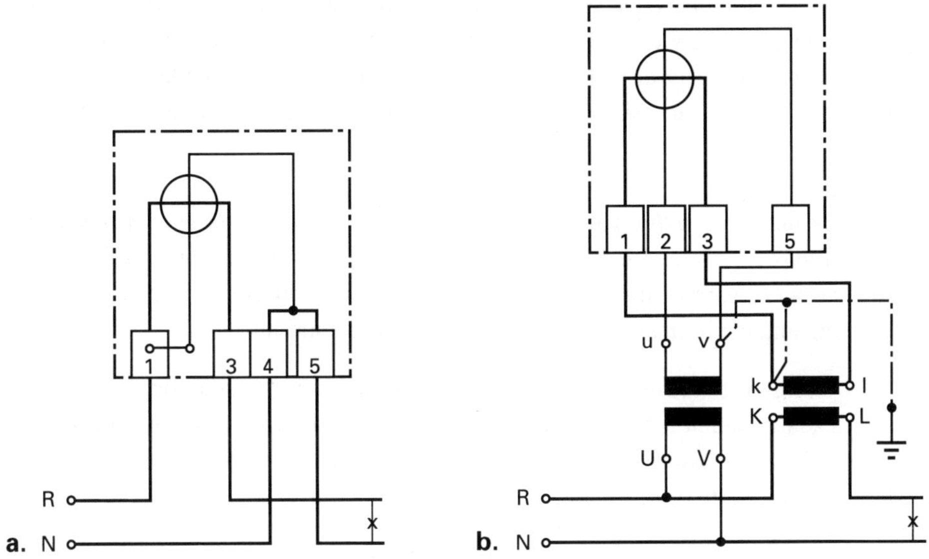


Figura 9. 2

# Medida de la potencia reactiva con vármetro

El vármetro es un aparato de medida que se construye partiendo de un vatímetro y al que se le añaden una serie de inductancias o condensadores en serie con la bobina voltimétrica con el fin de desfasar 90 ° la tensión respecto a la corriente (Figura 9.3). De esta forma se consigue que el aparato de medida nos dé una lectura directa del producto de la tensión por la intensidad y por el sen φ, es decir de la potencia reactiva.

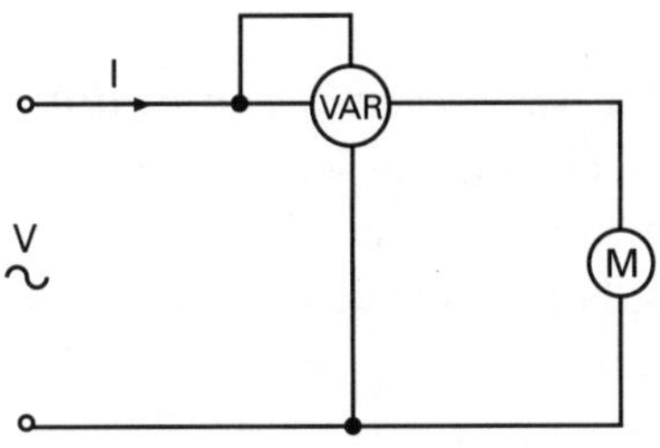


Figura9.3

# Medida de potencia activa en C.A. trifásica

La medida de potencia en los sistemas trifásicos se puede realizar con vatímetros monofásicos, conectados de tal forma que consigan medir la potencia activa de la carga.

El número de vatímetros que se emplee para realizar la medida, así como la forma en la que se conectan dependerá del tipo de línea que se utilice (a tres hilos sin neutro o a cuatro hilos con neutro) y de si la carga es equilibrada o desequilibrada. Por supuesto, un sistema de medida que sirva para medir la potencia de una carga desequilibrada también será válido para una equilibrada.

***Medida de potencia activa para sistemas con neutro: Cargas desequilibradas***. Esta es la forma más común de medida de la potencia en líneas de distribución de energía. En estos casos, se suministra el neutro, por ejemplo, en edificios de viviendas en los que es prácticamente imposible encontrar un equilibrio entre las fases.

Se utilizan tres vatímetros (Figura 9.4). La amperimétrica de cada uno se conecta en serie con cada conductor de línea, de tal forma que cada una mida la intensidad de línea respectiva. Las voltimétricas se conectan entre cada fase y neutro, midiendo cada una de las tensiones de fase.

Cada uno de los vatímetros indica la potencia en cada una de las fases.

La potencia activa del sistema será la suma de la potencia que aparece en cada una de las fases, dato que coincide con la suma de las lecturas de los tres vatímetros.

$$P = W_1 + W_2 + W_3$$

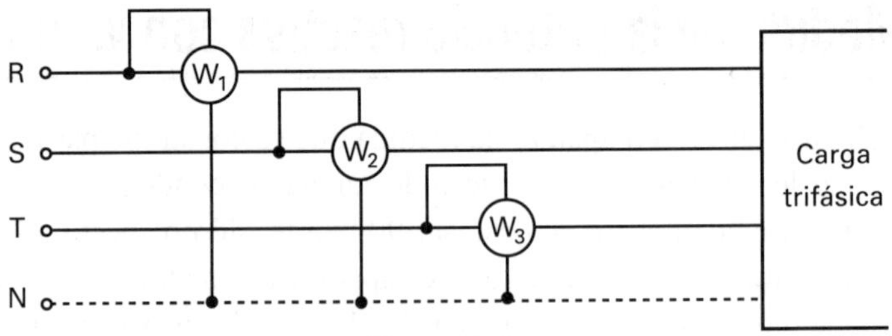


**Figura 9.4**

***Medida de potencia activa para sistemas con neutro: Cargas equilibradas***. Para cargas equilibradas basta con conectar un solo vatímetro, con la amperimétrica en una de las líneas y con la voltimétrica entre la misma fase y el neutro (Figura 9.5). Como las cargas son todas iguales, la potencia de la carga trifásica se obtiene multiplicando por tres la lectura del vatímetro.

$$P = 3 \cdot W$$

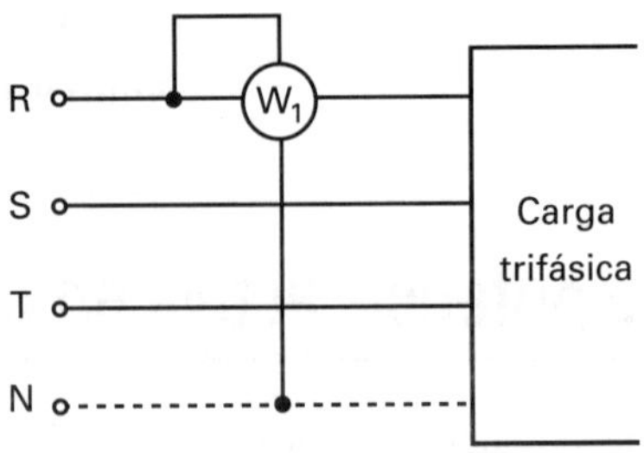


**Figura 9.5**

 

***Medida de potencia activa para sistemas sin neutro: Cargas equilibradas.*** Como no disponemos en la línea de neutro se conectan dos resistencias adicionales $R_1$ y $R_2$ del mismo valor óhmico que la bobina voltimétrica con el fin de crear un neutro artificial (Figura 9.6).

De esta forma se consigue que el vatímetro nos indique la lectura de: $V_f \cdot I_L \cdot \cos \varphi$, es decir, la potencia activa de una fase. La potencia del sistema será entonces de tres veces la indicada por el vatímetro.

$$P = 3 \cdot W$$

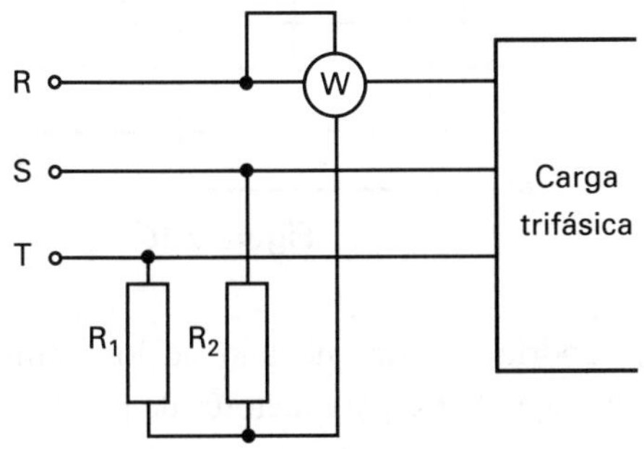


Figura 9.6

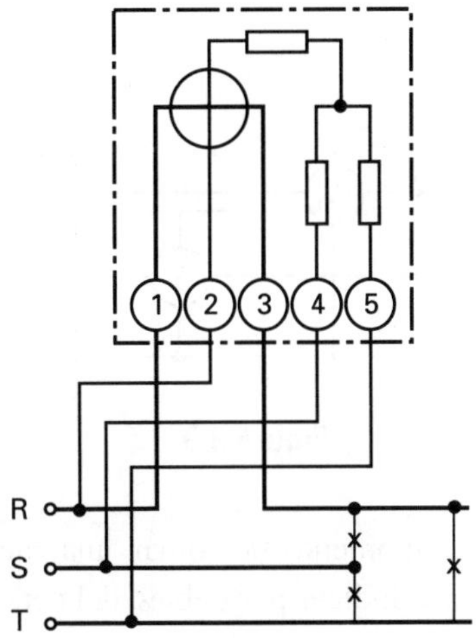


Figura 9.7

Por lo general, proporcionan en el mismo aparato las resistencias adicionales ya conectadas; además, la escala aparece multiplicada por tres. Ahora, la lectura es directa y el vatímetro monofásico se ha transformado en un trifásico. En la Figura 9.7 se muestran las conexiones del mismo mediante otro tipo de representación.

***Medida de potencia activa para sistemas sin neutro: Cargas desequilibradas.*** Conectando tres vatímetros, tal como se indica en la Figura 9.8, se consigue medir la potencia de cada una de las cargas. La potencia del sistema se obtiene sumando la lectura de cada uno de los vatímetros.

$$P = W_1 + W_2 + W_3$$

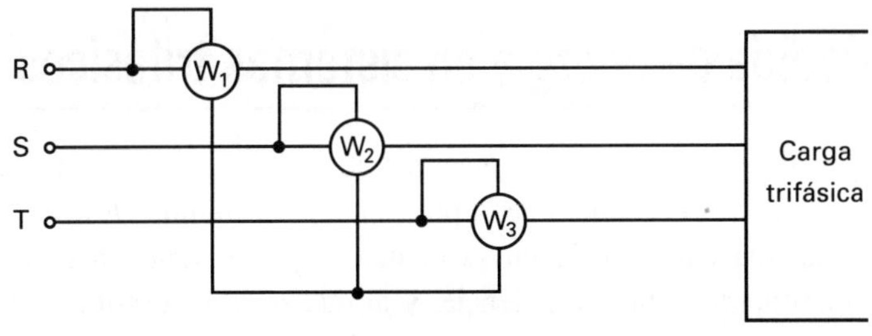


Figura 9.8

Existe otra forma de medir la potencia para cargas desequilibradas sin neutro: ***método de los dos vatímetro o de Arón*** (Figura 9.9). La potencia activa se obtiene de la suma de los dos vatímetros.

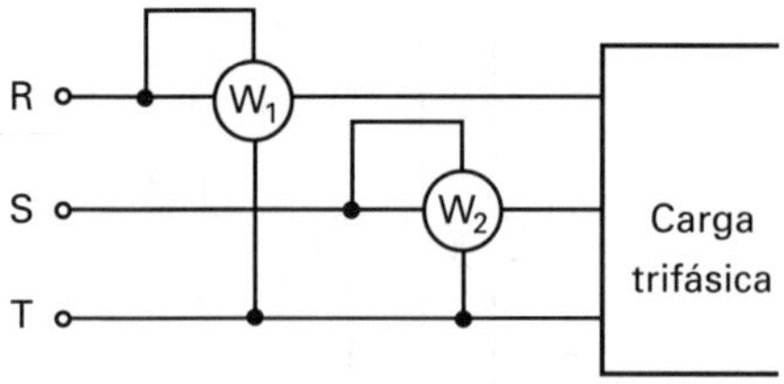


**Figura 9.9**

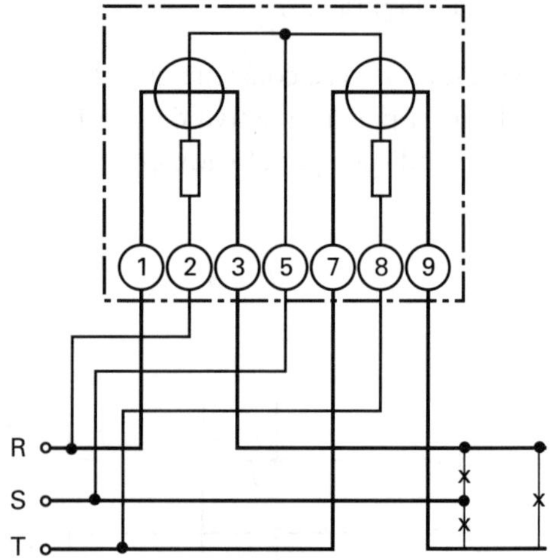


**Figura 9.10**

En el momento de tomar una medida, podría ocurrir que uno de los vatímetros tendiese a indicar por debajo del cero, hecho que ocurre para factores de potencia muy bajos. En estos casos basta con invertir la conexión de una de las bobinas del vatímetro afectado. La medida obtenida por este vatímetro se considerará negativa, por lo cual, para obtener la potencia activa se restará este resultado del obtenido por el otro vatímetro.

En la práctica se fabrican vatímetros trifásicos con dos o tres sistemas de medida, de tal forma que la fuerza motriz de cada uno de ellos actúe sobre el eje que mueve la aguja indicadora. De esta manera se consigue que la lectura de la medida sea sobre una sola escala, lo que facilita mucho la interpretación de la medida. En la Figura 9.10 se muestra las conexiones de un vatímetro para la medida de potencia en sistemas trifásicos desequilibrados sin neutro mediante el sistema de dos vatímetros y un único órgano medidor.

## Medida de energía en sistemas trifásicos

La medida de la energía eléctrica se lleva a cabo mediante contadores de energía. Éstos miden el producto de la potencia por el tiempo ($E = P \cdot t$). Para ello se valen de un sistema como el de un vatímetro, que mediante un circuito voltimétrico y otro amperimétrico mide la potencia, y al que se le incorpora un sistema de relojería que registra el producto de $P \cdot t$. El resultado casi siempre se expresa en KWh.

Los contadores más utilizados en la actualidad son los de inducción. También existen los contadores de energía electrónicos de impulsos, que por su gran precisión y versatilidad están desplazando a los de inducción. Además, es posible que un contador electrónico sea capaz de comunicarse telefónicamente mediante un módem con la central de gestión de la compañía eléctrica y enviar los datos obtenidos de la lectura de energía; de esta forma se evita el tener que enviar a un empleado a realizar dicha lectura, además se consigue un control a tiempo real de la distribución de la energía en toda la red.

Los contadores trifásicos se conectan de la misma forma que los vatímetros. De tal forma, que si, por ejemplo, se realiza la medida en las tres fases, el equipo es capaz de sumar el resultado y presentarlo en un solo indicador de medida.

En la Figura 9.11 se muestra, a modo de ejemplo, el esquema de conexión de un contador trifásico en conexión directa para sistemas desequilibrados con neutro y en la Figura 9.12, el esquema de un contador trifásico en conexión a transformadores de intensidad y tensión para sistemas desequilibrados sin neutro.

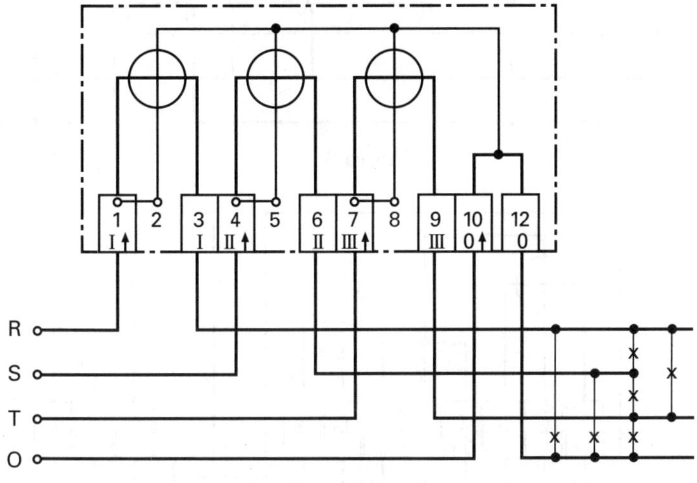


**Figura 9.11**

En tarifación eléctrica existe el concepto de la doble tarifa. Ésta consiste en establecer un precio para el consumo de energía eléctrica nocturna más reducido que para la diurna. La razón por lo que las compañías eléctricas incentivan el consumo de energía nocturna está fundamentada en el hecho de que por la noche existe una baja demanda de energía y , sin embargo, ciertas centrales eléctricas, como las nucleares, no pueden llegar a desconectarse, por lo que existe un desequilibrio entre la oferta y la demanda de energía. Además, así se consigue disminuir los fuertes consumos originados a ciertas horas del día.

En la Figura 9.13 se muestra el esquema de un contador monofásico de doble tarifa. Éste dispone de dos sistemas de registro de la energía consumida: uno para la tarifa nocturna y otro para la diurna. Para poder realizar el proceso de conmutación de un registro al otro, el contador dispone de un reloj horario que realiza automáticamente el proceso de conmutación según los tiempos preseleccionados.

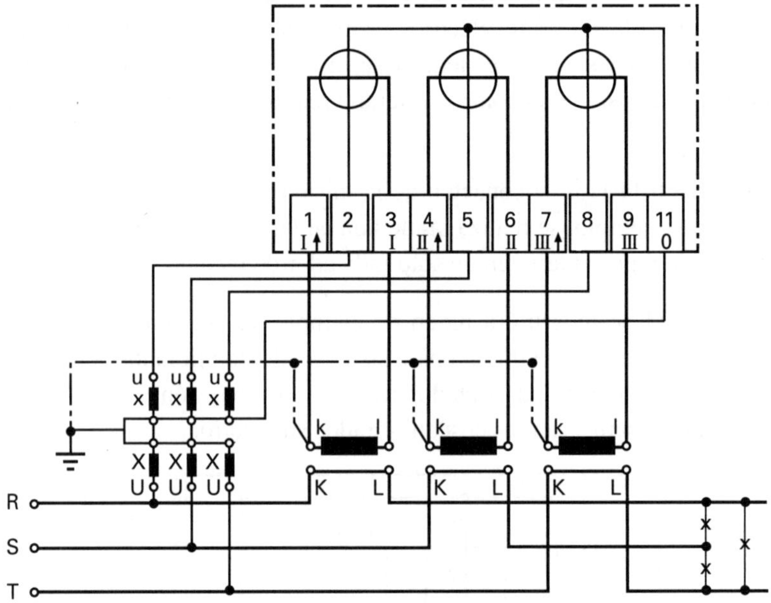


Figura 9.12

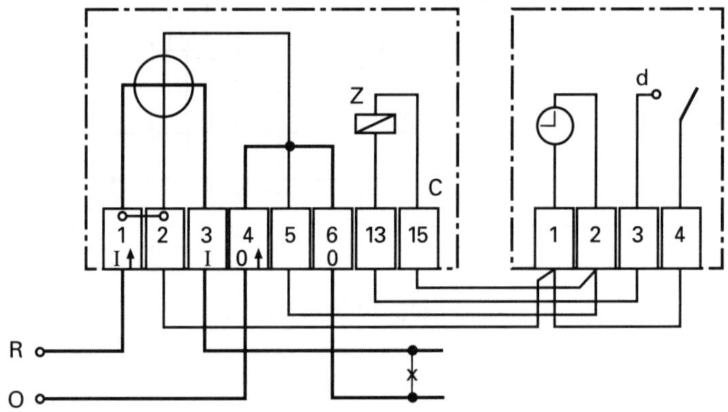


Figura 9.13

# Medida de la frecuencia

La frecuencia se mide mediante el frecuencímetro. El frecuencímetro se conecta entre los extremos de las fases de la red cuya frecuencia se quiere medir (Figura 9.14). Existen fundamentalmente dos tipos: de láminas vibrantes (Figura 9.15) y de bobina móvil con convertidor interior de frecuencia a C.C. de función lineal (Figura 9.16). Además también se fabrican de indicación digital con convertidor.

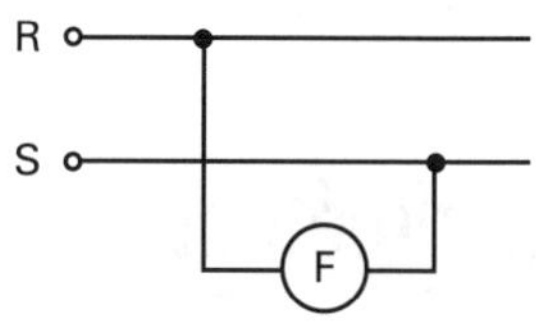


Figura 9.14

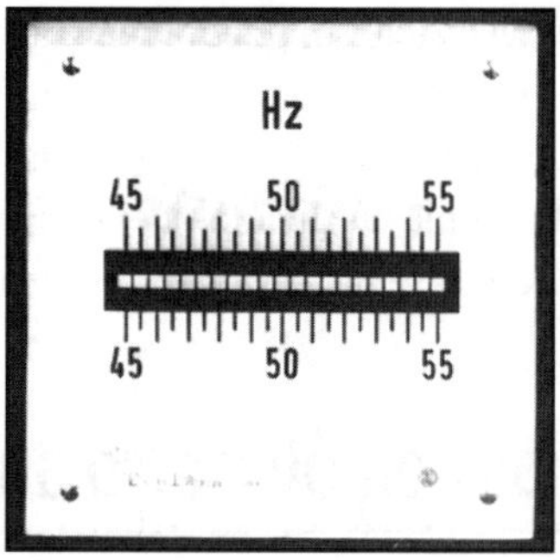


Figura 9.15

Figura 9.16

Para la medida de frecuencias en tensiones elevadas el frecuencímetro se interconecta mediante transformadores de tensión.

# Medida del factor de potencia

Para medir el factor de potencia de una instalación se utiliza el fasímetro. En la Figura 9.17 se muestra el aspecto que presenta la pantalla de un fasímetro basado en sistema de medida móvil con convertidor de ángulo de fase a C.C. de función lineal. Este aparato de medida se conecta de forma similar a la de un vatímetro, ya que posee circuitos amperimétricos y voltimétricos. En la Figura 9.18 se muestra, como ejemplo, la conexión de un fasímetro trifásico.

En la actualidad también se fabrican fasímetros de indicación digital con convertidor.

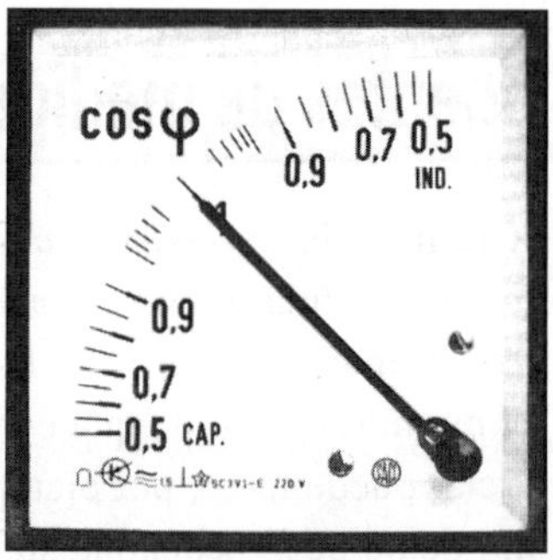


Figura 9.17

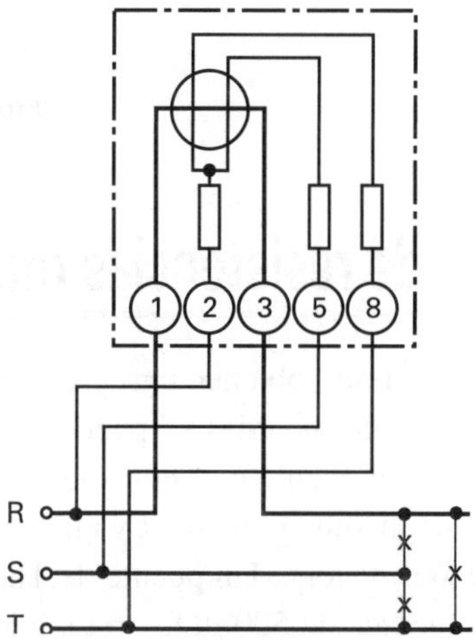


Figura 9.18

# Medida de resistencias eléctricas

La medida de la resistencia eléctrica se puede realizar simplemente midiendo la tensión y corriente que se producen en una resistencia al aplicar una fuente de alimentación de C.C. Aplicando la ley de Ohm se obtiene el valor de la resistencia. Evidentemente éste no es el sistema más utilizado. Dependiendo del orden de magnitud a medir y nivel de precisión requerido se utilizan diferentes sistemas de medida.

# Medida de resistencias con óhmetro amperimétrico

Este sistema es el que utilizan los polímetros analógicos. Al conectar la resistencia $R_X$ a medir se cierra un circuito, donde existe una pila, un amperímetro donde se toma la medida y una resistencia *R* para el ajuste a cero del indicador (véase Figura 9.19). La intensidad que mide el amperímetro es inversamente proporcional a la resistencia a medir, por lo que al calibrar la escala del aparato de media en ohmios habrá que poner el cero en el fondo de la escala. Dado que el resultado de la medida depende del estado de carga de la pila, antes de medir con este aparato conviene ajustar a cero la escala, para lo que se cortocircuitan las puntas de prueba del instrumento y se modifica la resistencia variable mediante un cursor.

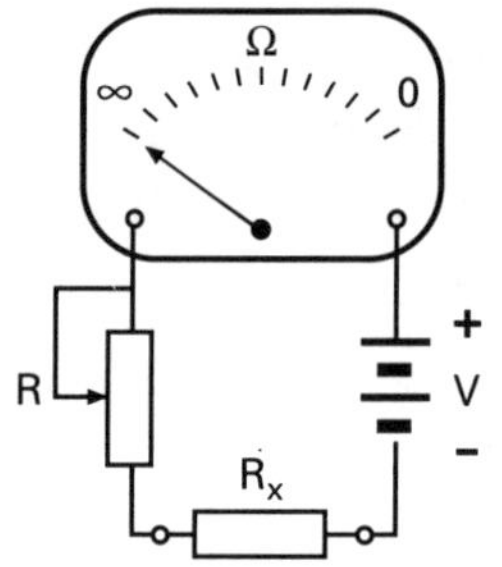


**Figura 9.19**

# Medida de resistencias mediante puentes de medida

Cuando se desea obtener una precisión mayor en la medida de resistencias en un amplio campo de medidas se pueden utilizar puentes de medida, como el puente de Wheatstone o el puente de Thomson. En la Figura 9.20 se muestra el aspecto físico de un puente de medida comercial y en la Figura 9.21 el circuito básico de que consta un puente de Wheatstone. Un puente de Thomson comercial puede tener, por ejemplo, un campo de medida de 500 μΩ… 6 Ω, mientras que un puente de Wheatstone su campo de medida estaría en 500 mΩ… 500 KΩ.

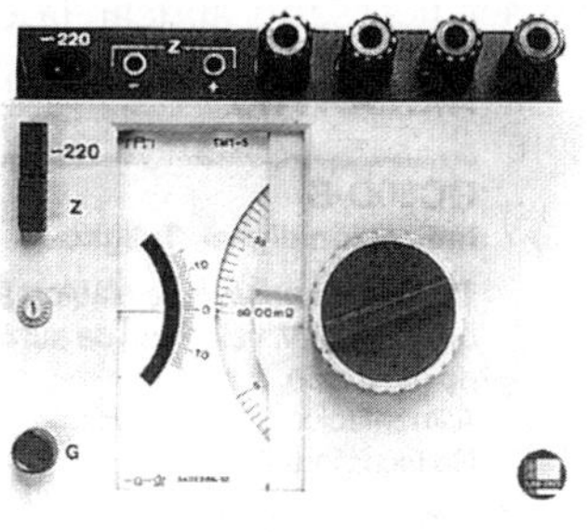

**Figura 9.20**

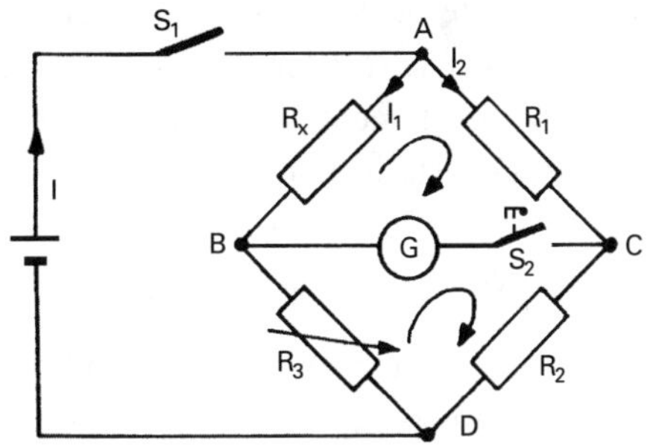


**Figura 9.21**

En el puente de Wheatstone de la Figura 9.21 sirve para medir el valor óhmico de una resistencia desconocida $R_X$. Las resistencias $R_1$ y $R_2$ son fijas y de un valor conocido. La resistencia $R_3$ es variable y se mueve en una escala graduada, de tal forma que podemos saber su valor en todo momento. Se trata de modificar $R_3$ hasta conseguir equilibrar el puente. Este equilibrio se consigue cuando el galvanómetro indica que la corriente es cero.

Cuando el puente está equilibrado, aplicando la 2ª ley de kirchhoff a las dos mallas formadas se cumple que:

$$R_X \cdot I_1 = R_1 \cdot I_2 \, \textbf{(I)} \qquad\qquad R_3 \cdot I_1 = R_2 \cdot I_2 \, \textbf{(II)}$$

al dividir la ecuación **(I)** con la **(II)** conseguimos que las intensidades $I_1$ e $I_2$ se cancelen:

$$\frac{R_X \cdot I_1}{R_3 \cdot I_1} = \frac{R_1 \cdot I_2}{R_2 \cdot I_2} = \frac{R_X}{R_3} = \frac{R_1}{R_2} \qquad\qquad R_X = \frac{R_1}{R_2} \cdot R_3$$

Con esta última ecuación se puede averiguar el valor de la resistencia a medir $R_x$ después de equilibrar el puente.

La ventaja que supone el empleo de los puentes para la medida de resistencias eléctricas reside en el hecho de que el resultado de la medida no depende, en ningún caso, del valor de la tensión que proporciona la batería de C.C. al circuito.

# Ejemplos

**9.2** Al medir con el puente de Wheatstone el valor óhmico de una resistencia desconocida $R_X$, los valores fijos de $R_1$ y $R_2$ son de 10 y 1.000 Ω respectivamente, habiéndose conseguido el equilibrio del puente para un valor de $R_3 = 5.879\ \Omega$.

**Solución:**

Aplicando estos valores a la ecuación: $R_X = \frac{R_1}{R_2} \cdot R_3 = \frac{10}{1.000} \cdot 5.879 = 58,79\ \Omega$

En un puente de Wheatstone comercial no suele ser necesario aplicar la ecuación para determinar la resistencia desconocida, ya que al variar $R_3$ aparece el resultado de la medida directamente en una escala. El cociente $R_1/R_2$ también se suele poder modificar. De esta forma se consigue ampliar el campo de medida. Los resultados de esta última modificación suelen indicarse en el aparato de medida con un coeficiente de multiplicación de la medida (x 0,1; x 1; x 10; x 100, etc.)

Hoy en día existen óhmetros de indicación digital, como el de la Figura 9.22, que poseen un campo medida muy amplio, como por ejemplo, de 20 mΩ... 20 MΩ, consiguiendo una gran precisión en la medida.

**Figura 9.22**

# Medida de resistencias de aislamiento

Dado que no existen aislantes perfectos, la mayor parte de las instalaciones eléctricas quedan conectadas a tierra a través de los materiales aislantes que rodean a los conductores, por lo que siempre aparecen pequeñas corrientes de fuga desde los conductores de fase a tierra. El buen estado de los aislamientos de una instalación es muy importante, ya que un aislante en mal estado puede provocar cortocircuitos e incendios. Por esta razón las normas sobre instalaciones eléctricas exigen pruebas de inspección para comprobar el estado de los aislamientos, es decir para comprobar si la resistencia de aislamiento es lo suficientemente elevada.

Dado que las resistencias de aislamiento suelen estar por encima de los 0,5 MΩ, es necesario el empleo de aparatos de medida especialmente diseñados para esta función, conocidos por el nombre de ***megóhmetros o medidores de aislamiento***. Existen una amplia gama de diferentes aparatos de medida que cubren estas necesidades, unos con indicación analógica y otros con indicación digital, siendo estos últimos los que más se emplean en la actualidad. En la Figura 9.23 se muestra el aspecto de un medidor de aislamiento con indicación digital.

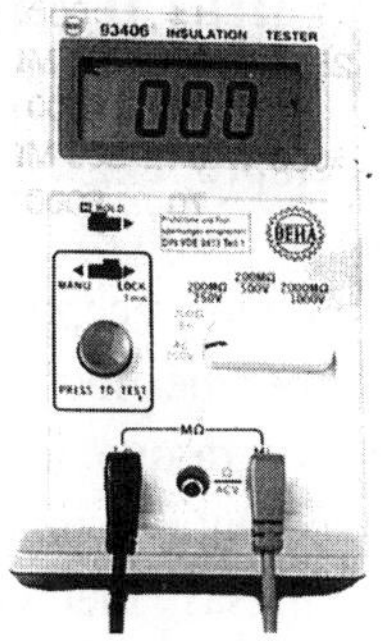

Figura 9.23

Para realizar las medidas de aislamiento de una instalación se procede de la siguiente forma:

- Se desconecta el interruptor general de alimentación de corriente de la instalación y se unen entre sí los conductores de alimentación. Seguidamente, se conecta el terminal positivo del medidor de aislamiento al conductor de tierra y el negativo a uno de los conductores de la instalación, tal como se muestra en la Figura 9.24. De esta forma mediremos la resistencia de aislamiento entre el total de la instalación y tierra.

- En el caso de que la resistencia de aislamiento total entre la instalación y tierra fuese inferior a la requerida por las normas vigentes, habrá que encontrar que parte de la instalación es la que causa esta disminución del aislamiento, por lo que habrá que desconectar todos los receptores e ir comprobando la resistencia de aislamiento de cada uno de los conductores de la instalación respecto a tierra.

- Otra de las pruebas de aislamiento a realizar consiste en la medida de aislamiento entre los conductores activos. Para ello, se dejan conectados todos los receptores a la línea, pero con su respectivo interruptor en posición abierta, y se conecta el medidor de aislamiento entre los dos conductores activos de la instalación, tal como se muestra en la Figura 9.25.

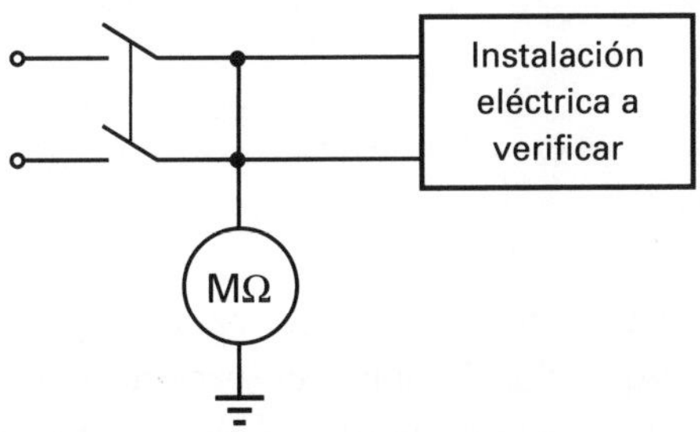


Figura 9.24

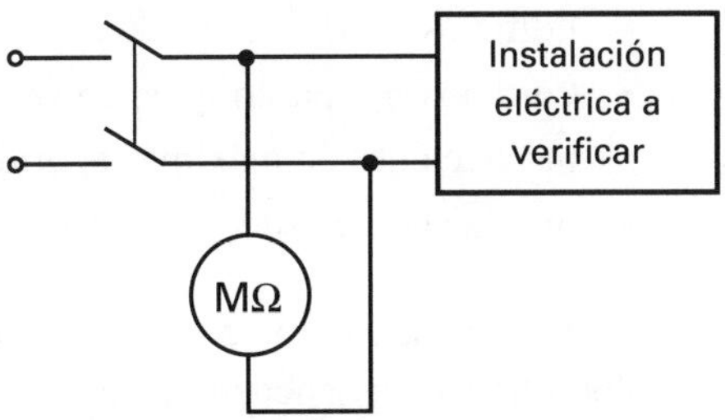


Figura 9.25

# Medida de resistencia de una toma de tierra

En las instalaciones eléctricas siempre existe el riesgo de que alguno de los conductores activos (con tensión respecto a tierra) se ponga por accidente en contacto con alguna envoltura metálica (chasis de los receptores, como por ejemplo, carcasas de motores, cubiertas metálicas de electrodomésticos, etc). En estos casos aparece en la masa metálica una tensión respecto a tierra que, al ser tocada por una persona, puede provocar la electrocución de la misma (contacto indirecto). Para evitar estos accidentes se unen eléctricamente todas las masas metálicas de los receptores a tierra, eliminándose así la tensión que pudiera aparecer en las mismas (véase Figura 9.26).

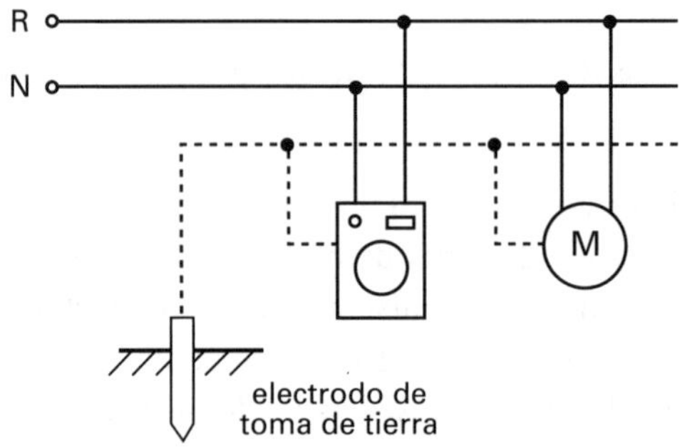


**Figura 9.26**

Las tomas de tierra se realizan mediante electrodos metálicos enterrados (picas, barras, tubos, placas, cables, pletinas y en general cualquier objeto metálico) que produzcan un buen contacto con el terreno. Es imprescindible que la resistencia de la toma de tierra sea lo más baja posible, ya que de ello depende que la tensión que pudiera aparecer en las masas metálicas sea también baja.

El valor de la resistencia a tierra depende fundamentalmente de la naturaleza del terreno, de los electrodos utilizados y de la calidad del contacto entre el electrodo y el terreno. Seguidamente se exponen los valores máximos que se recomiendan para la resistencia de tierra según el uso que se vaya a dar a las instalaciones eléctricas:

- Edificios de viviendas: 80 Ω
- Edificios con pararrayos: 15 Ω
- Instalaciones de máxima seguridad: 2 a 5 Ω
- Instalación de ordenadores: 1 a 2 Ω

Una vez realizada la toma de tierra hay que medir su resistencia para comprobar si su valor óhmico se encuentra según lo requerido. También es necesario realizar revisiones periódicas de los valores de la resistencia de tierra, ya que éstos podrían modificarse por diferentes factores, como pueden ser: corrosión de los electrodos, deterioro de conexiones, cambios en la composición de los terrenos (la resistividad de los terrenos aumenta al disminuir la humedad), etc.

Para la medida de la resistencia de tierra se utiliza ***el telurómetro***. En el mercado existen diferentes tipos de telurómetros, pero básicamente todos emplean métodos de medida que consisten en clavar una serie de picas auxiliares a una determinada distancia de la toma de tierra.

En la Figura 9.27 se expone, a modo de ejemplo, un esquema de cómo se realiza la medida de resistencia de tierra con un telurómetro. Éste dispone de un terminal que se conecta al electrodo $R_X$ de la toma de tierra. Además se proporciona un par de picas auxiliares *Y* y *Z*, de unos 30 cm de longitud, que se clavan a una cierta distancia del electrodo *X* de la toma de tierra.

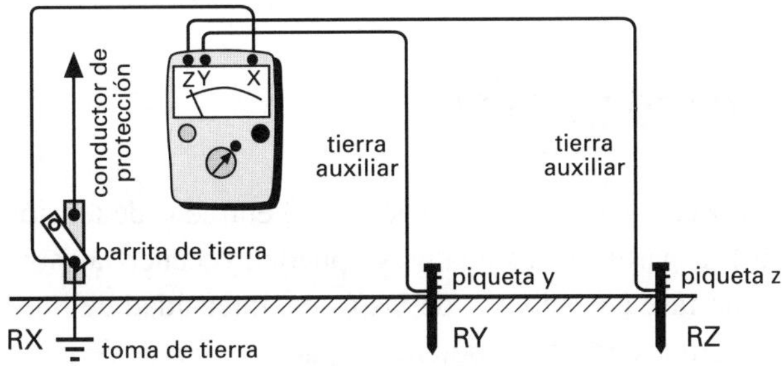


**Figura 9.27**

En la Figura 9.28 se muestra el aspecto físico de un telurómetro comercial de indicación analógica. Antes de realizar la medida de tierra con un determinado medidor de tierra conviene leer detenidamente sus instrucciones de manejo y operar en consecuencia.

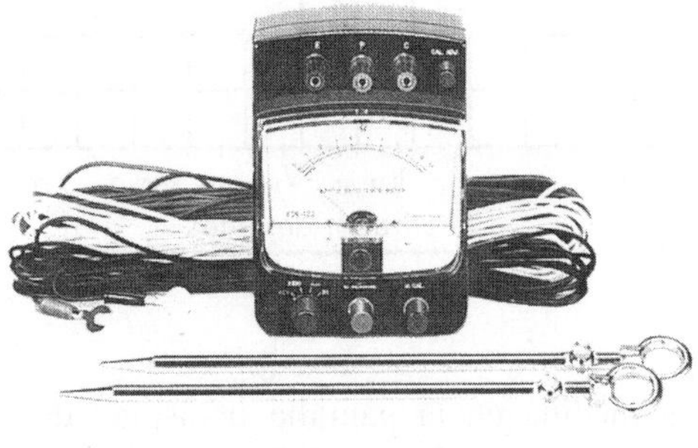

**Figura 9.28**

# Sistemas avanzados de medida

El avance experimentado en los últimos años en la fabricación de microprocesadores y microcomputadores ha producido un fuerte avance en el desarrollo de nuevos instrumentos de medida, mucho más versátiles y de tamaño más reducido. Gracias a estos avances se ha aumentado el número de parámetros que se pueden medir con un solo instrumento a partir de las señales básicas de entrada (*V* e *I*). Además, se le ha dotado de una gran capacidad de comunicación con otros elementos de la instalación.

También es posible la conexión de los aparatos de medida con ordenadores personales a través de un bus. De esta forma, se consigue procesar una gran cantidad de datos en un tiempo reducido. Con estas combinaciones se pueden efectuar muchas medidas a la vez, para, por ejemplo, realizar un control instantáneo de la energía consumida, establecer alarmas en caso de que alguna magnitud alcance valores inadecuados, evitar sobrecargas en las líneas, realizar estudios estadísticos, etc.

A continuación se exponen algunos de estos sistemas avanzados de medida.

# Analizador de red trifásico

Este dispositivo posee 3 entradas de corriente y 3 entradas de tensión independientes (véase Figura 9.29), a partir de las cuales se pueden obtener las siguientes medidas: Tensión de línea y de fase en cada una de las fases, intensidad de línea en cada una de las fases, potencia activa y reactiva, potencia aparente, factor de potencia, frecuencia, energía activa, energía reactiva inductiva y energía reactiva capacitiva. Con él es posible realizar desde el registro y valoración de magnitudes de medición en energía eléctrica hasta el análisis del consumo de energía eléctrica. En la Figura 9.30 se muestra el aspecto de un analizador de redes comercial.

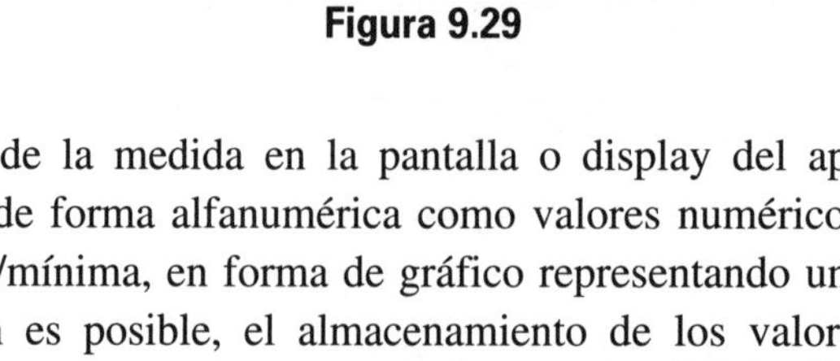


**Figura 9.29**

La presentación de la medida en la pantalla o display del aparato puede ser de diferentes formas: de forma alfanumérica como valores numéricos, a modo de tabla, valoración máxima/mínima, en forma de gráfico representando una curva o diagrama de líneas. También es posible, el almacenamiento de los valores medidos en una memoria, para ser consultados posteriormente a la medida. Algunos modelos permiten imprimir los resultados en papel o conectarse a un ordenador personal dotado con un software capaz de procesar los datos obtenidos según nuestras necesidades.

Figura 9.30

# Comprobador de instalaciones eléctricas de baja de tensión

Estos aparatos de medida resultan de gran utilidad para los instaladores electricistas, ya que se integran en un solo aparato de medida portátil una gran cantidad de funciones, como por ejemplo: mide tensiones, corrientes y frecuencias, verifica resistencias de aislamiento, resistencias de tierra, comprueba la continuidad de conductores, comprueba el estado de interruptores diferenciales, indica el orden de sucesión de fase, etc. En la Figura 9.31 se muestra el aspecto de un comprobador comercial de instalaciones eléctricas de baja tensión con indicación digital, posibilidad de imprimir los datos, memoria y conexión a ordenador personal.

Figura 9.31

# El osciloscopio

El osciloscopio es un aparato de medida que nos va a ser indispensable para el análisis y comprobación de los valores que se dan en una tensión variable. Su aplicación en el campo de la electrónica se hace indispensable. Un osciloscopio lo que hace es mostrar en su pantalla la forma que posee una determinada tensión o corriente eléctrica. Es decir, representa en un eje de coordenadas las variaciones de estas magnitudes en función del tiempo.

Así, por ejemplo, la imagen que aparecería en la pantalla del mismo al aplicarle una tensión alterna senoidal sería la mostrada en la Figura 9.32.

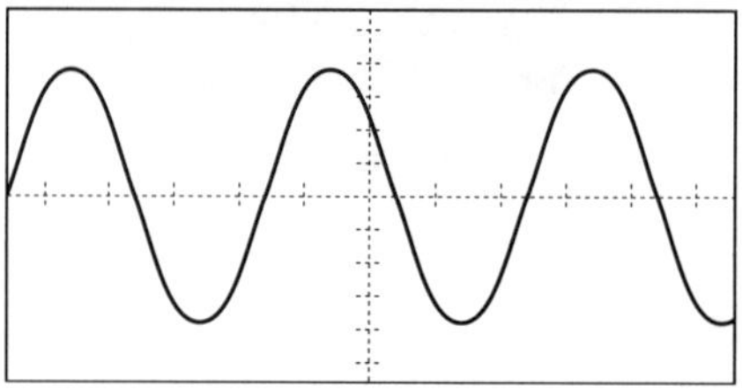

**Figura 9.32**

El osciloscopio se vale de un tubo de rayos catódicos, sobre el cual incide un haz electrónico, para reproducir la imagen visual.

Aparte de este tubo de rayos catódicos, existen una serie de circuitos dentro del osciloscopio que hacen posible que el haz electrónico reproduzca exactamente la imagen deseada. Éstos son los siguientes:

- Fuente de alimentación.
- Amplificador vertical.
- Amplificador de sincronísmo.
- Base de tiempos.
- Amplificador horizontal.

- **Base de tiempos y amplificador horizontal**: El circuito de base de tiempos de un osciloscopio es el que hace posible que la tensión que nosotros queremos representar aparezca en función del tiempo transcurrido. Mediante el circuito del amplificador horizontal podemos seleccionar las diferentes escalas de tiempos con las que nos interese trabajar en cada momento sobre el eje X. Para hacernos una idea del campo de medida de este circuito, se expone, a continuación, los grados de desviación de un osciloscopio comercial: desde 1 a 500 ms/división, desde 1 a 500 μs/div y desde 100 a 500 ns/div.

- **Amplificador vertical**: Este circuito se encarga de que aparezcan representados los valores de tensión en el eje Y de la pantalla del osciloscopio. Mediante este circuito también podemos seleccionar diferentes escalas de tensión, como por ejemplo: 1 a 10 V/div y de 2 a 500 mV/div.
- **Sincronización**: El circuito de sincronización realiza la tarea de mantener estable la imagen en la pantalla del tubo de rayos catódicos. Todos los osciloscopios poseen un circuito interno de sincronización automática de la imagen. No obstante, debido a que no siempre se consigue una imagen estable, se suele disponer de un mando de sincronización externa.

# Ejemplos

**9.3** Al realizar un medida con un osciloscopio aparece en la pantalla la imagen que se muestra en la Figura 9.33. Si los grados de desviación seleccionados fuesen: atenuador vertical (4 V/div), base de tiempos (1 ms/div), averiguar el valor máximo y eficaz de la tensión, así como el período y la frecuencia.

$$V_{máx} = 3 \text{ div} \cdot 4 \text{ V/div} = 12 \text{ V}$$

$$T = 8 \text{ div} \cdot 1 \text{ ms/div} = 0{,}008 \text{ s}$$

$$V_{eficaz} = \frac{V_{max}}{\sqrt{2}} = \text{K} = 8{,}5 \text{ V}$$

$$f = \frac{1}{T} = \text{K} = 125 \text{ Hz}$$

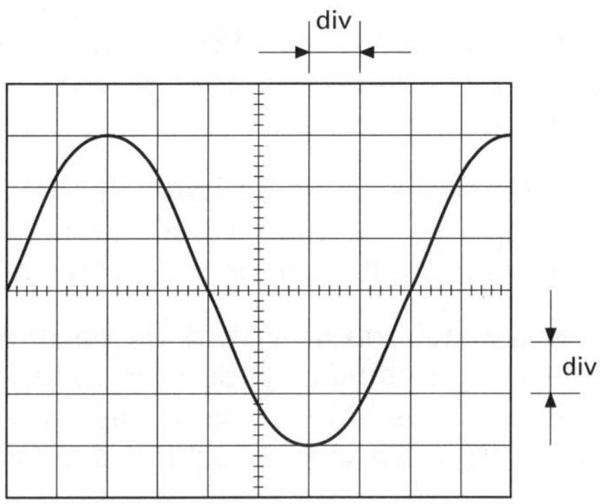


**Figura 9.33**

## Resúmen de Conceptos

Para **ampliar el alcance de un vatímetro** en C.A. se utilizan transformadores de medida. Se suelen acoplar transformadores de tensión acoplados en paralelo a la bobina voltimétrica cuando la tensión en la red es superior a 500 V y transformadores de intensidad, acoplados en serie con la bobina amperimétrica, cuando la intensidad en la línea es superior a 15 A.

El **vármetro** es una aparato de medida muy similar al vatímetro que sirve para medir la potencia reactiva.

Para la medida de **potencia en sistemas trifásicos** se utilizan varios vatímetros conectados de diferente forma dependiendo de la accesibilidad del neutro. Los fabricantes de aparatos de medida construyen vatímetros trifásicos que integran la medida de la potencia de las tres fases en un solo indicador de medida.

La media de **energía eléctrica** se realiza mediante contadores de energía de inducción o electrónicos de impulsos.

El **frecuencímetro** mide la frecuencia y se conecta como el voltímetro.

El **fasímetro** mide el factor de potencia y se conecta como el vatímetro.

El inconveniente de las medidas de resistencias con **óhmetro amperimétrico** es que no son muy precisas. Para obtener más precisión se utilizan los puentes de medida.

La **resistencia de aislamiento** de una instalación nos indica si los aislantes utilizados en la misma están en buen estado. Para la medida de esta resistencia se utilizan los medidores de aislamiento.

La **resistencia de una toma de tierra** debe ser lo más baja posible, para así reducir la posibilidad de electrocuciones por contactos indirectos. Para verificar si los valores de la misma se encuentran dentro de los indicados en la normativa vigente se utiliza el telurómetro.

El **analizador de red** es un aparato de medida múltiple que, gracias al avance de las nuevas tecnologías, permite la medida de una gran variedad de magnitudes eléctricas de forma simultánea.

El **comprobador de instalaciones de baja tensión** es de gran utilidad para los instaladores electricistas, ya que con ellos se pueden realizar todas aquellas medidas relacionadas con la instalación, mantenimiento y reparación de instalaciones eléctricas de baja tensión.

Un **osciloscopio** lo que hace es mostrar en su pantalla la forma que posee una determinada tensión o corriente eléctrica. Es decir, representa en un eje de coordenadas las variaciones de estas magnitudes en función del tiempo.

# Actividades

**9.1.** Consigue un vatímetro para la medida de C.A. monofásica, determina la constante de la escala y realiza la medida de potencia de un receptor. Seguidamente conecta un transformador de tensión en la bobina voltimétrica y un transformador de intensidad en la voltimétrica, calcula la nueva constante de la escala y compruébalo mediante la realización de una nueva medida.

**9.2.** Consigue un vármetro y un vatímetro y realiza la medida de la potencia reactiva y activa de una carga monofásica (por ejemplo, un motor monofásico). Seguidamente calcula la potencia aparente y el factor de potencia.

**9.3.** Conecta un vatímetro, un voltímetro y un amperímetro a un motor monofásico. Con los datos obtenidos determina su factor de potencia.

**9.4.** Consigue un vatímetro trifásico para medida de potencias sin neutro. Mide la potencia de un motor trifásico. Seguidamente consigue tres vatímetros monofásicos y mediante una de las conexiones estudiadas mide la potencia del motor. Ahora repite la medida con el sistema de dos vatímetros y compara todos los resultados obtenidos.

**9.5.** Consigue un contador de energía trifásico de inducción, analiza sus características y mide la energía consumida por un motor trifásico en un período de tiempo determinado.

**9.6.** Consigue diferentes tipos de frecuencímetros, analiza y compara sus características. Seguidamente realiza la medida de la frecuencia de la red eléctrica.

**9.7.** Consigue diferentes tipos de fasímetros, analiza y compara sus características. A continuación realiza la medida del factor de potencia de un motor trifásico.

**9.8.** Consigue un polímetro y seleccionando la posición de medida de resistencias, mide la resistencia eléctrica de diferentes dispositivos eléctricos. No olvidar que para la medida de resistencias eléctricas, éstas tienen que estar separadas de la alimentación eléctrica.

**9.9.** Consigue un puente de medida, analiza sus características y realiza con él la medida de varias resistencias de diferentes valores óhmicos.

**9.10.** Consigue un medidor de resistencias de aislamiento, analiza sus características y verifica la resistencia de aislamiento de una sencilla instalación eléctrica.

**9.11.** Consigue un telurómetro, analiza sus características, estudia el procedimiento de medida proporcionadas por el fabricante y verifica la resistencia de una toma de tierra.

**9.12.** Consigue un osciloscopio, analiza sus características y con la ayuda de un generador de funciones comprueba los valores de las magnitudes asociadas a señales senoidales de diferentes frecuencias. Para hacerlo correctamente sigue atentamente las siguientes recomendaciones:

**a.** Poner en marcha el osciloscopio siguiendo las instrucciones que aparecen en el manual de funcionamiento.

**b.** Situar el mando del amplificador vertical en su valor máximo. De esta forma, evitaremos que la tensión que deseamos medir sea superior a la que está preparada en el osciloscopio.

**c.** Situar el conmutador de entrada en C.A.

**d.** Aplicar la tensión alterna a medir a la entrada vertical.

**e.** Girar el mando del atenuador vertical hasta que sea fácilmente visible la señal senoidal en la pantalla.

**f.** Girar el selector de la base de tiempos hasta que se pueda ver claramente un ciclo completo de la señal alterna en la pantalla.

**g.** Estabilizar la imagen mediante el control de sincronísmo.

**h.** Tomar las lecturas de la pantalla y determinar el valor máximo y el período. Con estos datos se puede calcular el valor eficaz y la frecuencia.

Indica las respuestas correctas a las siguientes cuestiones.

**9.13.** El vatímetro ferrodinámico:

**a.** ❑ En C.A. indica la potencia activa.

**b.** ❑ En C.C. indica la potencia en V.A.R.

**c.** ❑ Posee una bobina voltimétrica de gran resistencia y una amperimétrica de baja resistencia.

**9.14.** El frecuencímetro se conecta:

**a.** ❑ En serie con la línea.

**b.** ❑ En paralelo con la línea.

**c.** ❑ La bobina amperimétrica en serie y la voltimétrica en paralelo.

**9.15.** El fasímetro se conecta:

**a.** ❑ En serie con la línea.

**b.** ❑ En paralelo con la línea.

**c.** ❑ La bobina amperimétrica en serie y la voltimétrica en paralelo.

**9.16.** Para la medida de resistencias eléctricas resulta más preciso.

**a.** ❑ El óhmetro amperimétrico.
**b.** ❑ Los puentes de medida.
**c.** ❑ El vármetro.

**9.17.** La resistencia de aislamiento de una instalación eléctrica:

**a.** ❑ Si es baja nos indica que algún aislante de la instalación está en mal estado.
**b.** ❑ Se mide con el megóhmetro.
**c.** ❑ Debe ser tan elevada como se indique en la normativa vigente.

**9.18.** La resistencia de una toma de tierra:

**a.** ❑ Si es muy alta puede causar accidentes por contactos indirectos.
**b.** ❑ Se mide con el telurómetro.
**c.** ❑ Debe ser lo más pequeña posible.

**9.19.** Un vatímetro electrodinámico posee dos alcances de tensión: 50 V y 150 V, y un alcance de intensidad: 5 A. Averiguar las constantes de la escala para cada una de las combinaciones posibles, si la escala está fraccionada en 25 divisiones. ¿Cuál será el resultado de la medida si leen 15 divisiones para el campo de medida de 150 V-5 A?

**Resultado:** $K_{50\ V\ -\ 5\ A} = 10$ W/div; $K_{150\ V\ -\ 5\ A} = 30$ W/div; $P = 450$ W

**9.20.** Al medir con un osciloscopio una tensión alterna, obtenemos la señal que se indica en la Figura 9.34. Estando el atenuador vertical en 10 V/div y la base de tiempos en 5 ms/div, determinar el valor máximo, el valor eficaz, el período, la frecuencia y el valor instantáneo a los 5 ms.

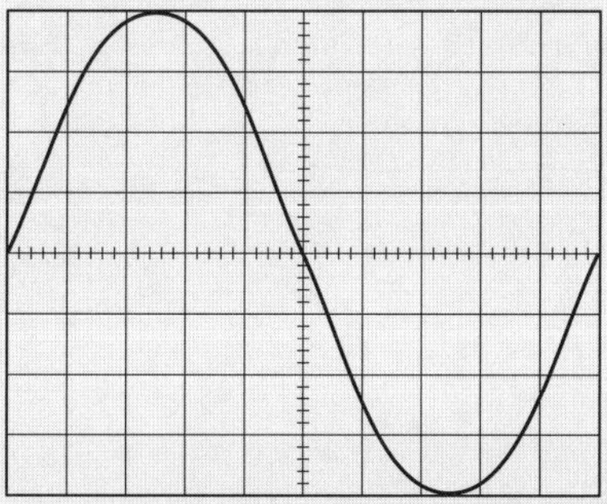

**Figura 9.34**

**Resultado:** $V_{máx} = 40$ V; $V = 28,3$ V; $T = 0,05$ s; $f = 20$ Hz; $v = 23,5$ V

# Soluciones

## 1. INDUCCIÓN ELECTROMAGNÉTICA

1.1............a y c 1.2........b y c 1.3. ......b 1.4......b 1.5. ........c 1.6..........b

## 2. LA CORRIENTE ALTERNA

2.1..........b 2.2. .........c 2.3. .........a 2.4..........b

## 3. RECEPTORES ELEMENTALES EN CORRIENTE ALTERNA

3.1. .........c 3.2. .........c 3.3. .........a

## 4. CIRCUITOS SERIE R-L-C EN C.A.

4.2. ..........b y c 4.3. ............b 4.4. ...........a 4.5..........a y c

## 6. SISTEMAS DE C.A. TRIFÁSICOS

6.2..........b 6.3.........a y b 6.4.........a y c 6.5 ...........c 6.6.........a

## 7. CIRCUITOS RECTIFICADORES

7.3. .........c 7.4..........b 7.5. .........c

## 8. MEDIDAS ELÉCTRICAS (I)

8.6. ...................b 8.7. ...a y b 8.8. ............a, b y c 8.9. ............a 8.10............a

8.11. ................c 8.12. .........b 8.13...............a y b

## 9. MEDIDAS ELÉCTRICAS (II)

9.13. ...............a y c 9.14. ..............b 9.15. ............c 9.16. .............b 9.17.........a, b y c

9.18...............a y b